■ 纪念中国建设工程造价管理协会成立30周年系列文集

造价心语

——造价工程师的故事

中国建设工程造价管理协会　主编

中国城市出版社

图书在版编目（CIP）数据

造价心语：造价工程师的故事 / 中国建设工程造价
管理协会主编 . —北京：中国城市出版社，2020.12
（纪念中国建设工程造价管理协会成立 30 周年系列文
集）

ISBN 978-7-5074-3322-7

Ⅰ . ①造…　Ⅱ . ①中…　Ⅲ . ①工程造价－文集　Ⅳ .
①TU723.3-53

中国版本图书馆 CIP 数据核字（2020）第 246172 号

责任编辑：张礼庆
责任校对：芦欣甜

纪念中国建设工程造价管理协会成立 30 周年系列文集

造价心语——造价工程师的故事

中国建设工程造价管理协会　主编

*

中国城市出版社出版、发行（北京海淀三里河路 9 号）

各地新华书店、建筑书店经销

逸品书装设计制版

北京中科印刷有限公司印刷

*

开本：787 毫米 ×1092 毫米　1/16　印张：19¼　字数：275 千字

2020 年 12 月第一版　　2020 年 12 月第一次印刷

定价：**118.00** 元

ISBN 978-7-5074-3322-7

（904318）

编 委 会

主　编：王中和

副主编：张兴旺　薛秀丽

委　员：林泉贞　周　杰　蒋建斌　贾怡雯

　　　　薛长立　柯　洪　徐　莉　周守渠

　　　　丁　众　岳　辰　姚春妤　刘爱福

　　　　吴天宇

序

□ 杨思忠

　　30年前，伴随改革开放的步伐，各行各业都涌动着无限的活力，焕发出勃勃生机，中国建设工程造价管理协会应运而生，并于1990年7月正式成立。

　　30年来，中国建设工程造价管理协会在激昂澎湃的经济改革浪潮中求真务实、勇于创新，紧紧围绕服务国家、服务社会、服务群众、服务行业的"四服务"功能，认真贯彻党和国家的各项方针政策，积极参与政策、法规制度建设，在标准建设、人才培养、国际交流、资信管理、行业服务等方面，不断实现突破，铸就着美丽的"中国造价人之梦"。

　　30年激荡、30年荣光。工程造价行业坚持市场化改革方向，充分发挥市场在资源配置中的决定性作用，走出了一条符合我国国情的行业发展之路，并在市场经济巨变中成长、在成长中壮大，为建筑业持续健康发展发挥着重要的作用。这个艰辛与光辉的历程，是值得纪念和载入史册的。

　　今天我欣慰地看到，七届理事会在杨丽坤理事长的领导下，组织开展了协会成立30周年系列纪念文集的编写和宣传工作。《造价心语》一书立足讲好中国工程造价人的故事，文集作者

从不同角度，讲述了一代代普通造价工作者立足岗位的感人事迹；描述了工程造价行业发展过程中他们的亲身经历和所见所闻、所思所感；记录了他们与行业共同成长的轨迹；书写了他们在每一个历史阶段面对发展难题勇于尝试、拼搏奉献的壮丽篇章。我相信本书的出版发行，必将激励新一代工程造价人在新时代发展中铸造新精神、新境界。

百舸争流，奋楫者先。当今世界正经历百年未有之大变局，我国正在加快构建以国内大循环为主体、国内国际双循环相互促进的新发展格局，新一轮科技革命和产业革命深入发展，面对新形势，工程造价行业要进一步解放思想、与时俱进、开拓创新，聚焦工程造价市场化改革，积极服务基础设施建设，埋头苦干，砥砺前行，奋力书写下一个30年的辉煌故事。

　　为纪念中国建设工程造价管理协会成立30周年，协会开展了"我和工程造价"主题征文活动。活动通知发出后，共收到来自全国各省、自治区、直辖市造价管理协会、专业工作委员会、高等院校、科研院所和工程造价咨询企业精心组织的近300篇文章。这些文章有的回顾了我国工程造价行业改革发展30年来所取得的成就，有的记录了行业发展历程中的重要事件和精彩故事，有的分享了企业管理经验与典型技术案例，有的展望了进入新时代行业面临的机遇与挑战。收到文章后，我们非常感动，因为不论是文章的质量与数量，还是大家的大力支持与认真组织，都远远超过了我们的预期。特别是今年受新冠肺炎疫情影响，各单位在复工复产后还能有序组织征文工作，使我们看到了每位从业者对行业的热爱，看到了行业的凝聚力。

　　征文活动结束后，我们立即组织专家开始紧锣密鼓地审稿工作，从中遴选出有代表性的文章汇集成册、正式出版，并策划在书中配以与协会发展相关的老照片，回顾协会历史，回顾行业历史。经过编委会的认真审核、修改完善、精心策划，最终形成了本书。本书共分为风雨同舟践初心，乘风破浪正当时，百舸争流承薪火3篇。反映了工程造价行业不同领域不同专业在行业发展中的探索与实践，阐述了工程造价行业在新阶段面临的挑战，体现了不同层次的工程造价从业者对工程造价行业真挚的情怀。每一篇从不同的视角展现了工程造价人在行业发展中的贡献，帮助新一代工程造价人了解行业历史，激励他们循着有志者的足迹不断前行，同时全书也是为协会成立30周年献上的一份珍贵礼物。

本书能够出版，离不开每一位投稿者的积极参与，离不开各组织单位的大力支持，离不开编委会专家学者和工作人员的辛勤工作，在此向他们表示衷心的感谢！

由于时间所限，书中不妥与疏漏之处，敬请读者谅解指正。

编委会

2020年12月

目录

乘风破浪正当时

百舸争流承薪火

风雨同舟践初心

推进工程造价市场化改革
保障建筑业持续健康发展

□《工程造价管理》编辑部

砥砺前行30载，矢志不渝；逐梦奋进30年，初心未改。1990年7月，中国建设工程造价管理协会正式成立，标志着工程造价行业从此有了自己的组织。30年来，伴随着市场化改革的步伐，工程造价行业求真务实、不断创新，积极探索，从"量价分离"的提出，到工程量清单计价制度的建立和完善，为实现工程计价的公平、公正、科学合理，维护建设市场秩序，提高投资效益，保障各方主体合法权益等方面发挥了重要作用。

2020年7月，住房和城乡建设部印发了《住房和城乡建设部办公厅关于印发工程造价改革工作方案的通知》（建办标〔2020〕38号）（以下简称"《改革方案》"），决定在全国房地产开发项目以及部分省市有条件的国有资金投资的房屋建筑、市政公用工程项目进行工程造价改革试点，提出了推行清单计量、市场询价、自主报价、竞争定价的工程计价方式，标志着新一轮工程造价改革即将拉开序幕。

《改革方案》从改进工程计量和计价规则、完善工程计价依据发布机制、加强工程造价数据积累、强化建设单位造价管控责任、严格施工合同履约管理五个方面作出部署。充分体现了党中央提出的"市场在资源配置中起决定性作用"和"更好发挥政府作用"要求，将有效解决定额等计价依据不能很好满足市场需要，造价信息服务水平不高，造价形成机制不够科学等问题，为进一步完善工程造价市场形成机制，促进建筑业转型升级指明了方向。

一、改进工程计量和计价规则，夯实工程造价管理基础

《改革方案》的核心是建立市场形成价格机制，将工程造价的确定交由市场，由竞争决定。政府将逐渐从"管量管价"向"管办法、管规则"转变，重点是监管。通过修订了工程量计算规范和工程量清单计价规范：一是构建更加科学合理、市场化的工程计量和计价规则；二是使行业在统一的市场规则下从事工程造价活动；三是通过建立与"中国建造"相适应的计量计价规则，为企业"走出去"创造条件，提升我国企业的国际竞争力。

二、完善工程计价依据发布机制，维护建设各方主体利益

针对建设各方扩大定额使用范围造成定额"包打天下"、部分项目工程造价脱离市场实际等问题，《改革方案》取消了最高投标限价按定额计价的规定，给予建设单位确定最高投标限价的自主权，弱化政府发布定额在市场交易计价中的作用，淡化市场各方主体对定额的依赖，转为综合运用工程造价数据库、造价指标指数和市场价格信息等方式。同时进一步明确政府发布定额的定位，对估算指标、概算定额、预算定额采取不同的处理方法，对于概算定额、估算指标是"优化"和"动态管理"；对于预算定额，政府逐步停止发布，企事业单位可依据自身和市场需要自行编制。

针对人材机市场价格变化大、波动频繁，政府采集和发布价格数据覆盖面有限，数据发布不及时，难以准确反映市场实际的情况。《改革方案》

指出，政府职能将由"发布信息价"转变为"制定价格信息发布机制"和"加强价格信息发布行为监管"，提出搭建市场价格信息发布平台，制定统一的信息发布标准和规则等，鼓励有能力的企事业单位通过平台上传和发布自身的市场价格信息，供所有市场主体选择，充分发挥市场作用，激发各类市场主体活力，由此解决政府采集数据困难、信息价不准确的问题。因此，要通过完善工程计价依据发布机制来维护建设各方主体的合法利益。

三、加强工程造价数据积累，促进工程造价数字化转型

《改革方案》进一步强化了工程造价的投资管控作用，通过控制设计限额、建造标准、合同价格，确保工程投资效益得到有效发挥。对于国有投资工程，一是要加强竣工结算数据积累，建立国有资金投资已完工程造价数据库；二是要运用大数据、人工智能等信息化技术手段，形成工程造价指标指数信息，为国有投资工程编制概预算提供数据依据。建设单位等各方主体应加强自身造价数据积累，可根据已完项目数据、实际工作经验和企业管理水平等，按照不同地区、不同工程类型、不同建筑结构等分类，形成自己的造价指标指数和成本管控方法。

四、强化建设单位造价管控责任，提高建设项目投资效益

现行建设单位往往前期资源投入不足，设计文件深度不够，难以满足工程实际需要，投资失控和"三超"现象时有发生。《改革方案》取消最高投标限价按定额计价的规定，引导建设单位根据工程造价数据库、造价指标指数和市场价格信息等编制和确定最高投标限价，给予建设单位定价自主权，探索实现市场竞争形成工程造价。建设单位应在现行招投标规定的基础上，合理选择设计、施工、监理、咨询等单位，合理选择计价依据并对其负责，以保证工程的质量、进度、安全，提高项目投资效益。

五、严格工程施工合同履约管理，规范建筑市场秩序

现阶段工程造价纠纷的解决一般还是依据定额进行，《改革方案》要求以合同方式确定的工程计价标准，充分发挥合同管理在工程建设全过程造价管控中的关键作用，严格按照合同约定开展工程结算和价款支付。全面推行施工过程结算，及时支付工程价款，保障工程建设项目的质量、进度、安全。探索工程造价纠纷的多元化解决途径和方法，逐步推行工程造价纠纷调解机制和工程造价咨询企业职业责任保险，妥善化解社会矛盾。

总之，工程造价改革关系建设各方主体利益，要切实做好改革的相关落实和配套工作，要给予有关试点项目充分的改革探索空间，坚持试点先行、引领示范，总结可复制、可推广的经验；还有就是做好顶层设计，完善配套相关制度，妥善处理改革过程中政策过渡和衔接。

2020年10月召开的十九届五中全会通过了《中共中央关于制定国民经济和社会发展第十四个五年规划和二〇三五年远景目标的建议》，明确了十四五时期经济社会发展的指导思想和主要目标，以及二〇三五年基本实现社会主义现代化远景目标，是指导当前和今后一个时期国民经济和社会发展的纲领性文件。中国建设工程造

第一届理事会

价管理协会将以学习贯彻十九届五中全会精神为契机，紧紧围绕加快现代造价咨询服务业专业化、数字化融合发展，积极服务国家基础设施建设，主动在新发展阶段、新发展理念、新发展格局中有所作为，全力推进工程造价市场化改革，保障建筑业持续健康发展。

创新聚智的高地　共享交流的平台

□ 方　俊

秋风送爽，丹桂飘香。在全国战胜新冠疫情，启动疫后重振的关键节点，迎来了中国建设工程造价管理协会（以下简称"中价协"）成立30周年。

往事如烟，30载光阴，弹指一挥间。

回首走过的从业历程，百感交集，似昨日往事，仍历历在目……

30年来，行业发展步履愈加稳健，发展成就可圈可点：

从依附于传统建筑企业的概预算岗位到拥有独立个人执业资格体系和企业造价咨询资质体系的行业；

从松散专业群体到百万从业大军；

从零企业到八千多家甲级和乙级工程造价咨询企业；

从零产值到千亿元营收；

从单纯建设工程预结算服务到全过程工程咨询；

从单一国内市场到参与"一带一路"建设咨询。

行业发展的每一个节点，都离不开协会的引领。没有协会的强大动能，没有老一辈行业领导者领航掌舵，没有众多业界前辈辛勤耕耘，就没有行业发展的今天。在协会成立30周年的日子里，我们由衷地向老一辈开拓者致敬！

值此协会成立30周年之际，用8个字表达自己的感悟与思考：创新聚智、共享交流。

一、创新聚智

协会成立30年来，坚持创新引领，凝聚行业智慧，积极参与工程造价领域政策研究和行业标准体系建设，充分体现协会的智囊属性和智库地位，作为政府行业主管部门智囊智库，协会已经成长为行业发展的推进器和加速器。

在计价体系改革方面：20世纪90年代协会积极参与工程计价体系改革，对传统定额计价模式提出了"控制量，指导价，竞争费"的改革思路，实现了从定额静态计价到实施生产要素价格动态调整，传统的"量价统一"计价模式开始向"量价分离"模式转变。2003年7月1日，《建设工程工程量清单计价规范》GB 50500—2003正式颁布实施，标志着我国建设工程计价体系改革进入新时代，采用国际通行清单计价模式相比传统定额计价，更多体现了"量价分离，风险分担"的原则。工程量清单计价体系下，投标人可根据自身成本、技术和管理水平自主报价，初步建立了"统一计算规则，有效控制总量，彻底放开价格，正确引导企业自主报价，市场有序竞争形成价格"的机制。此后，协会在推动清单计价规范改版升级和EPC（或DB）模式下工程计价体系构建等方面开展了大量前期调研和研究论证工作。

第一届理事会

随着住房和城乡建设部《关于印发工程造价改革工作方案的通知》（建办标〔2020〕38号）的出台，新一轮工程造价市场化改革步伐开始提速。协会紧密追踪改革动向，积极谋划行业应变之策，在工程造价指标指数发布、工程造价信息标准化体系建设以及行业高端人才培养等领域开展了调研活动，收到积极成效。

在标准体系建设方面：通过近30年的持续发力，协会发布了从建设项目前期投资估算到工程竣工决算全过程的系列造价管理标准规程规范，先后编制了《建设项目投资估算编审规程》《建设项目设计概算编审规程》《建设工程招标控制价编审规程》《建设项目全过程造价咨询规程》《建设工程造价咨询规范》等。

这些标准、规程、规范正在行业从业人员执业实践中发挥越来越重要的作用，正成为从业人员和企业的工作指南。

在课题研究方面：协会发挥服务范围广、决策机制灵活、联系专家和企业家便捷的平台优势，在涉及行业发展重大问题上，依托协会专家委员会及广大会员企业，急行业之所急，积极开展课题研究，取得丰硕成果，为行业行稳致远起到了重要指导作用。特别是近年来，协会紧紧围绕住房和城乡建设部中心工作和行业发展现实需求，先后开展了《工程造价咨询企业国际化战略研究》《国际工程项目管理模式研究》《工程造价咨询执业保险制度研究》《工程造价信息化战略研究》《工程造价咨询企业诚信体系建设实施方案研究》《工程造价软件测评与监督机制研究》《工程造价专业人才培养体系研究》等重大课题，为行业主管部门决策和服务会员企业发挥了重要引领作用。

二、共享交流

协会是共享型组织，是广大企业会员和个人会员之家。

协会成立30年以来，在服务会员方面开展了大量务实有效工作，特别是在开展专业培训方面，收效颇丰：如《建设工程工程量清单计价规范》、新版《工程造价咨询企业管理办法》、新版《注册造价工程师管理办法》、《关于推进全过程咨询服务的指导意见》(发改投资规〔2019〕515号)、《政府投资条例》、《最高人民法院关于审理建设工程施工合同纠纷案件适用法律若干问题的解释（二）》以及行业其他重要计价政策和管理文件的宣贯；各省市协会和专业工程委员会对本地区和本行业相关定额的宣贯；对工程造价咨询企业各层级管理及技术骨干的业务培训等。

协会具有与企业和从业人员天然的直接联系，信息来源广、传播速度快，是政府与企业、政府与从业人员交流的桥梁，更是开展国际交流合作的桥梁。

协会成立30年来，先后举办多次行业高层论坛，同相关工程造价国际专业组织开展多层次合作交流。

从2013年的第一届企业家高层论坛到2019年的第七届高端论坛，深受业界人士喜爱，已成为一年一度的行业盛事和协会知名品牌。近两期高层论坛的主题分别为"肩负时代使命，共筑行业未来——助推工程造价咨询业创新发展"和"守正出新，集智远行——共建良好的工程造价生态圈"。

近年来，协会继续加强国际交流与合作，与相关工程造价国际专业组织交流更加频繁：

2005年7月、2013年5月中价协分别在大连、西安举办了第九、第十七届亚太区工料测量师协会（PAQS）年会。

2017年7月，中价协原理事长徐惠琴率团出席亚太区工料测量师协会（PAQS）第二十一届年会。

2018年11月15～20日，第十一届国际工程造价联合会（ICEC）暨第二十二届泛亚太区工料测量师协会

第一届理事会

（PAQS）大会在澳大利亚悉尼市举行。协会作为ICEC和PAQS两大国际工程造价专业组织的正式成员，杨丽坤理事长率代表团出席会议。

2019年6月16～19日，应国际工程造价促进协会（AACE）邀请，协会杨丽坤理事长率代表团出席AACE在美国路易斯安那州新奥尔良市召开的2019年度全球峰会。

协会是自律组织，在行业自律方面开展了大量卓有成效的工作。

协会成立30周年以来，在行业自律方面开展了一系列制度建设，启动了全行业的企业信用评价，为行业规范发展和科学发展奠定了良好基础。

受住房和城乡建设部标准定额司委托，协会研究制订了《工程造价行业信用信息管理办法》，建立了工程造价咨询企业和个人信用档案，明确了信用档案的内容，规定了良好和不良行为的具体标准，建立了查询、披露和使用制度。搭建了全国统一的工程造价咨询行业信用信息平台，增加了业绩信息、信用信息的采集、加工和发布功能，形成了信用档案信息。

协会获批商务部和国资委第十二批行业信用评价参与单位，并完成相关制度建设，并组织召开了工程造价咨询企业信用评价试点工作会议，会后各试点单位按照《信用评价试点工作实施方案（试行）》的统一要求开展了信用评价工作。

协会多次召开专家委员会所属信用评价委员会工作会议，总结信用评价试点经验，完善信用评价办法和标准，研究开展全国范围信用评价工作。

近年来，全国各地方协会和各行业专业委员会积极响应中价协信用评价工作，企业信用评价总体情况良好，基本反映了行业企业市场行为现状，为向业主推介优秀企业、约束行业企业不良市场行为发挥了重要作用。

为完善行业自律制度建设，协会制订了《会员执业违规行为惩戒暂行办法》，明确惩戒的具体程序和标准，配套相关惩戒细则，使办法更具可操作性；制订了《造价工程师职业道德守则》《造价咨询企业执业行为准则》及《工程造价行业行为规范》等。

协会积极履行社会责任，引导行业企业参与社会公益活动，收效显著。

行业企业在致力于工程造价咨询服务的同时，汇聚行业爱心，积极投身慈善公益事业，践行社会责任，组织公益讲座、资金支持及捐款捐物等公益活动，在教育、医疗、环保、文化、卫生等多个领域做出显著贡献，促进了社会经济发展、增强了民生保障。

协会组织党员走进北京交通大学、北京建筑大学校园等，深入教学实地交流，为高校和学生及时了解行业趋势和需求提供了平台。

协会积极推动建设工程造价纠纷调解，妥善化解社会矛盾。

2019年2月，协会在郑州异地开庭调解了第1起造价纠纷案件，该案从受理申请到达成调解协议，仅用了1周时间，充分体现了中价协调解程序灵活和高效便捷的优势，受到了当事人的一致肯定。从2019年1月至今，协会共受理造价纠纷调解案件5起，争议评审案件3起，共涉及建设工程造价约8.4亿元，较好地化解了矛盾争议，受到当事人的高度肯定。

协会积极开展工程造价咨询企业职业责任保险试点，取得初步成效。

为进一步推进工程造价咨询行业市场化、国际化改革，促进工程造价咨询业持续健康发展，协会结合工程造价咨询业实际，开展了行业企业职业责任保险试点工作。一是开展调查研究，科学合理设计保险产品。研究起草了《关于推动工程造价咨询企业职业责任保险的工作方案》，指导保险公司起草《工程造价咨询企业责任保险条款》。二是会同保险公司开展职业保险试点，共同推进工程造价咨询企业职业责任保险。协会印制了8000册《工程造价咨询企业职业责任保险服务手册》，发放至各试点地区造价协会和其他省级协会，并将服务手册有关内容在协会网站公开供各企业查阅。截至2020年10月底，已有60家企业购买了职业责任保险，试点取得了初步效果，不仅推进了行业健康发展，也减少了社会矛盾，促进了社会和谐。

第一届理事会

协会积极应对新冠疫情，夺取了疫情防控和咨询服务双胜利。

2020年初，协会面对新冠疫情，践行初心使命，积极引导行业企业参与疫情防控活动，在实现行业夺取疫情防控和咨询服务双胜利方面取得显著成效。

自新型冠状病毒疫情发生以来，行业企业认真贯彻习近平总书记重要讲话精神，主动担当，积极作为。各级地方协会在部署和做好有关疫情防控工作的基础上，通过各种渠道向疫情地区和防控一线的医护人员捐款捐物，行业上下争取主动，积极研究对策，以减少疫情对行业发展的不利影响，彰显行业担当。

截至2020年3月，协会和部分地方协会及其员工为抗击疫情捐款合计近65万元；6292个企业及其从业人员为抗击疫情捐款合计近9000万元。在防疫物资紧缺的情况下，部分企业通过各种渠道获取物资，向慈善机构捐助50万余只医用口罩、15万余副医用橡胶手套、4万余套防护服以及价值近400万元的抗疫急需各类物资。

协会重视行业党的建设，充分发挥行业企业党组织的凝聚作用和党员职工先锋模范带头作用。以党建促会建、以党建促改革，行业企业自觉将企业发展同国家利益紧密联系，积极服务重点工程项目，尊重企业员工主人翁地位，企业发展方向更加明晰，行业整体美誉度大幅提升。

三、展望

作为一名造价老兵，衷心祝愿中国工程造价行业在全体行业同仁共同努力下，坚持党建引领，坚持高质量发展目标，不断开拓创新；对标国际一流工程咨询企业，咬定国际化、信息化、市场化、多元化发展战略不放松；在坚持主营业务稳步发展同时，加强对全过程工程咨询战略和国际化战略推进，特别是强化对以投资管控为主线的项目管理服务市场开拓，实现从工程造价核算管理向工程造价价值管理转型、从侧重实施阶段造价管理向建设项目全过程投资管控延伸、从二维算量计价走向三维以至N维BIM技术和项目管理服务、从依赖定额计价走向市场形成价格、从依赖个人经验积累向大数据平台下智能化服务转型、从传统专业化服务向多元化战略并轨，深耕PPP、EPC、MC、CM模式下的新兴工程咨询服务市场，打造行业标杆企业和行业领军人才，继续推行工程造价咨询行业职业责任保险，提升工程造价咨询产业市场集中度，不断优化行业企业组织结构和专业人才培育模式，探索行业可持续发展之道。

未来已来。

面对建筑业和固定资产投资领域之大变局，工程造价行业变革浪潮势不可挡，时代呼唤百万造价大军砥砺奋进！

让我们凝聚更广泛共识与智慧，汇集更强大力量与资源，昂首迈向万亿工程造价综合咨询产值目标，向下一个10周年庆典献礼！

（作者单位：武汉理工大学）

第一届暨第二届理事会全体会议

行业协会建设与发展

□ 许锡雁

　　行业协会是市场经济发展的产物，是市场经济体制不可缺少的组成部分，是联系政府与行业、政府与会员之间的桥梁和纽带。协会作为一个重要的社会组织，对协调社会和经济的发展、平衡社会和市场主体利益、规范市场经济秩序、承接政府职能转变具有十分重要的作用，承担着服务会员和行业、向政府反映诉求、规范行业行为的职责和任务，需要通过内部管理、提高服务意识、实行行业自律，推动行业健康发展。

一、协会内部建设

　　行业协会是非营利社会组织，其成员都在用自己的工作来巩固内部的团结、激发活力、支撑协会发展与进步、努力践行章程确定的宗旨。协会内部管理建设既包括如人力资源、激励约束、财务资产、组织战略等制度措施，又包括组织内部的权力制衡结构及其运行机制，需建立委托者（权力机构：会员代表大会）、决策者（理事会）、执行者（秘书处）和监督者（监事会）之间的激励约束结构模式，如权力制衡结构图所示。

　　协会必须强化自身的内部建设。第一，应建立一系列制度，以保障协会正常的运作和健康的发展。如需要有民主选举制度、民主决策制度、日常管理制度、财务管理制度、诚信自律制度、信息公开制度、会员权益保障制度、重大事项公示制度、薪酬激励制度和廉洁监督制度等。第二，

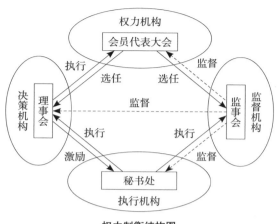

权力制衡结构图

根据协会内部工作职能进行合理分工。协会的党组织、理事会（常务理事会）是组织的核心，它决定协会的兴衰、消长，体现协会的形象。协会另一个非常重要的机构是秘书处，它直接关系到协会组织的生存与发展。所以协会组织内部应合理分工，各司其职，协调发展。第三，搭建协会合理的人员结构，提高协会人员的综合素质和服务水平。工程造价是一个专业性较强的行业，需要一支学习型、专家型的专业化团队来引领，所以协会应搭建专业合理的人员组织架构，组织人员通过学历教育、进修培训、继续教育、资格考试、考察学习等方式，

第一届理事会

提高人员的知识、素质、技术等综合能力，并建立有效的激励机制和内部管理制度，为行业发展提供高质量的服务。第四，健全和完善协会功能、组织体系及运行机制。协会应不断完善市场经济体制和创新社会管理体制对行业组织建设的要求，党风廉政建设、工作作风建设、思想作风建设要常抓不懈，建立和完善以会员代表大会、理事会、常务理事会、专业委员会为主体的行业自律体系，有效发挥行业自律效能。

二、提高服务意识

服务会员、服务政府、服务行业是协会的职责，也是立会之本和核心工作，提高服务意识是协会能力建设的首要标准。要通过信息化、网络化的手段，降低成本，提升服务绩效。第一，要把行业发展的政策、规划、战略等信息及时提供给会员，同时也要让会员具有参与和讨论这些行业重大问题的积极性和荣誉感。第二，是开展好会员、行业的交流和合作，发挥会员、政府、行业的桥梁和纽带作用，搭建各方联系平台，促进融合发展，提升工程造价行业的社会认同度。第三，是开展工程造价行业发展和政府、行业、会员关注的问题研究，为实际工作提供系统的理论与方法。第四，开始进行多元化工程造价信息服务方式的探索和尝试，如建设工程造价信息服务平台（教育平台等），探索通过采集成熟交易平台数据、采集成熟会员单位数据、购买商业公司数据等方式，为会员、行业和政府提供相对准确、及时、全面的工程造价动态信息。第五，协会应关注和研究会员需求，创新服务理念、内容和方式，在细节和执行力上下功夫，探索以分类指导、细分服务来贴近会员的需求，提供优质高效的增值服务，为会员的利益及发展壮大提供个性化服务和解决方案，打造一个全方位开放、信息互享、资源优质的服务平台。

三、推动行业自律

协会通过行业公约、质量标准、信用评价等手段，规范工程造价市场，维护工程造价行业形象，促进工程造价咨询企业守法经营和健康发展，积极推进造价咨询服务质量的提高，维护工程造价咨询行业健康、有序的发展。第一，逐步建立工程造价咨询企业和从业人员信息平台，整合资质资格管理与信用信息管理资源，搭建统一的信息平台。依托统一信息平台，建立以工程造价咨询企业基本情况、工作业绩、良好行为、不良行为等为主要内容的信用档案，及时公开信用信息，形成有效的社会监督机制。根据协会信用体系建设的总体部署，制订相应的《工程造价咨询企业信用评价管理办法》和《工程造价咨询企业信用评价标准》及实施细则等，建立信用评价体系，组织实施信用评价工作。第二，探索开展以企业和从业人员执业行为和执业质量为主要内容的评价，并与资质资格联动，建立"褒扬守信、惩戒失信"的环境，为行业自律、规范市场提供有力抓手。第三，开展全行业自律公约活动，以执业质量检查与行业自律为抓手，探索因地制宜、行之有效的区域自律和同业自律多种模式，建立"诚信经营、质量可靠、汰劣留良、进退有序"的市场规则，维护行业的长远发展利益。

四、推动行业发展

协会可围绕"加快创新驱动、实现创新发展"的目标，开展以下工作：第一，培育健康工程造价咨询市场。从工程造价咨询行业和本地区、本企业的实际出发，加大培育良性的工程造价咨询市场力度，善用工程造价咨询单位为政府和社会投资建设服务，发挥工程造价咨询单位在工程技术经济、投资管控等方面的综合优势，提高政府和社会对工程造价咨询的认可度，吸引和培养高素质人才，提高

第一届理事会

工程造价咨询服务产品质量，形成具有竞争力的拳头产品，树立市场化"投资咨询"的理念，共同做大工程造价咨询市场的"蛋糕"。第二，规范工程造价咨询市场。维护和规范工程造价咨询市场秩序、建立行业自律机制，倡导和要求工程造价咨询企业恪守"独立、客观、公正、科学"的执业准则，切实履行企业肩负的社会责任。第三，做好专业人才培养和队伍建设，提升从业人员素质。协会要加快造价咨询企业和从业人员的职业道

德守则和执业标准建设以及业务能力培训，加强执业质量监管，大力加强从业人员的职业道德教育，注重从业人员（注册造价工程师）考试和继续教育的实务操作和专业需求，增强从业人员的职业道德意识和社会诚信责任感，不断提高工程造价咨询成果的质量和水平。第四，通过工程造价行业领军人才、资深会员、专家委员会的制度建设带动行业正面形象的提升，发挥他们促进人才队伍建设方面的引领作用。第五，协会要支持工程造价咨询企业实施以人为本、人才兴业的激励机制，营造一个良好的工作、学习、生活、成长的人文环境，增强对国内外优秀高级造价咨询人才和智力资源的吸引力和凝聚力。第六，推动工程造价咨询单位以信息化促进工程造价咨询现代化，向学习型、数字化转型升级，加快如数据库、案例库、智库等的知识管理体系建设。第七，加强工程造价咨询企业执业道德建设和廉洁诚信建设，推动企业文化建设及品牌建设，树立良好社会形象和商誉。第八，积极引导业内企业按照优势互补、资源共享、合作共赢的原则，跨地区、跨行业、跨所有制以战略联盟、联合、合作、合资、并购、重组、产业链组合等多种形式进行区域整合和行业整合，推进要素的流动和最佳优化配置，充分利用行业内外部资源，实现规模化、集约化经营，加快提升行业组织化程度和整体竞争能力。

（作者单位：广东省工程造价协会）

矢志初心　实干笃行　赓续奋进

□ 中国建设工程造价管理协会建行工作委员会

1954年，在我国开展大规模经济建设的背景下，为管理好宝贵建设资金，建设银行应运而生，自此与中华人民共和国的建设结下不解之缘。多年来，建设银行充分发挥商业银行和工程造价咨询"双领域、双唯一"的优势，将商业银行业务和工程造价咨询技术进行深入融合，"哪里有建设，哪里就有建设银行"就是建设银行的真实写照。1990年，中国建设工程造价管理协会成立后，建设银行凭借专业优势和市场口碑成为协会专业技术委员会之一，与协会共同成长、砥砺奋进，为行业的持续健康发展夯实了基础，在保障国家重大战略落地、服务社会民生等方面发挥了重要作用。

第一届理事会

一、坚守初心，支持国家建设

建设银行始终忠诚于党和人民的事业，始终服务大局。建设银行因建而生、因建而兴、因建而强、因建而旺，辖内37家一级分行均具有住房和城乡建设部造价咨询企业资质，具有千余人的专业技术团队，服务的客户遍布国内外。凭借多年专业特色优势，建设银行运用精湛的工程造价咨询技术，为国家基础设施建设节省大量资金。

1. 雄踞浦江　展中国力量

南浦大桥始建于1988年，西起鲁班路立交，上跨黄浦江水道，南至张江立交，线路全长8364米，桥面为双向六车道城市快速路，总造价8.2亿元人民币。1991年2月18日，邓小平视察上海，在南浦大桥建成之际，为该桥亲笔题写下"南浦大桥"四个大字。建设银行上海市分行为该项目提供全过程投资控制服务，为改革开放和经济发展作出积极贡献，展现了中国精神、中国效率、中国力量。

2. 与国同荣　迎北京奥运

国家游泳中心（水立方）建设用地62961平方米，赛时总建筑面积79532平方米，工程总投资8.27亿元。奥运会场馆代表中国形象，建设银行北京市分行勇担重任，为该项目提供招标阶段造价编制以及协助进行经济标校核等多项咨询工作，保质保量完成服务，为中国成功举办奥运会这一举世瞩目的中国盛世贡献专业力量，为推进中国经济发展、进一步对外开放，为北京城市现代化和国际化进程添砖加瓦。

3. 紧跟科技　树阳光工程

渤海银行总行大厦建筑面积18.7万平方米，是天津市2010年二十项重大项目之一、市中心标志性建筑，建设银行天津市分行为该项目提供全过程造价咨询服务，建立规范的全过程造价咨询管理制度、采取一系列有效的投资管控举措，投资控制效果良好，工程最终决算26.47亿元，较审批概算28.12亿元节约1.65亿元，为渤海银行创建阳光工程提供有力支持，体现了新时代建设银行造价人紧跟新发展、新技术的专业能力，得到各方认可。项目竣工验收后，该项目获得2016—2017年度"鲁班奖"。

二、勇担使命，服务重大战略

建设银行从服务大局着眼，紧跟京津冀协同发展、长江经济带发展、长三角一体化发展、粤港澳大湾区建设等重大国家战略，敏锐抓住历史契机，精准满足客户需求，保障国家各项重大战略落地。

1.百尺竿头　援千年大计

建设银行积极响应雄安新区"千年大计"号召，凭借多年专业优势，中标雄安新区第一个竞标项目——市民服务中心项目造价咨询业务。三年来，先后中标新区K1快速路（一期），容东片区B2、C2组团安置房，容西绿色建筑构件生产基地等重大项目的工程造价咨询业务，建设银行造价咨询团队紧跟"雄安速度"，用脚步丈量雄安这片淳朴的热土，为新区建设严把造价关。

2.传承文化　扬丝路精神

敦煌丝绸之路国际会展中心项目由敦煌文化论坛国际会议中心、敦煌文化论坛大酒店和敦煌大剧院等三个建筑群组成，总建筑占地面积10万平方米，总建筑面积23.65万平方米。该项目具有积极意义，承担着国家使命，作为中国与丝绸之路沿线国家人文交流活动的载体之一，能推动中华文明走出去，起到对丝绸之路经济带建设的支撑作用。建设银行甘肃省分行为该项目提供结算审核服务，通过精准的造价咨询技术，积极服务"一带一路"倡议，弘扬丝路文化。

第一届理事会

3.服务战略　赞祖国华诞

2017年，建设银行北京市分行中标北京大兴国际机场南航基地项目造价咨询服务资格。该项目占地面积约1000亩，包括货运站、机务维修、航食、地服、勤务、基地运行保障等建设内容，总投资达百亿元。建设银行造价人经过500多个日日夜夜的艰苦奋战，在"三停三不停"（停水停电停网，不停工不停会不停高温）的考验下，圆满完成造价咨询服务，为北京大兴国际机场在新中国70周年华诞之际顺利投运做出重大贡献。

三、直击痛点，情系社会民生

建设银行积极落实党中央决策部署，从解决社会民生"痛点"入手，坚持提供有温度的金融服务，全面履行社会责任，体现担当，用现代金融手段疏通经济循环的堵点，把金融的源头活水引入千家万户。

1.贴心服务　焕城市新颜

老旧小区改造是我国经济发展新阶段改善民生的重要惠民工程，从造价的角度看，小区物业维修、改造的工程项目金额小，费时、费力，回报低，却与老百姓的生活贴得最近，关系到千家万户的切身利益。建设银行本着高度的社会责任感，积极为老旧小区改造提供造价咨询服务，以实际行动做老百姓身边的贴心人。同时积极与地方管理部门对接，搭建平台，帮助解决房屋等维修资金使用时效性、真实性、公开性确认的难题，为人民安居乐业贡献专业力量。

2.只争朝夕　战新冠疫情

疫情期间，荆州市中心医院作为新冠病毒抗疫应急定点医院，急需进行住房改造。建设银行湖北省分行勇做"逆行者"，主动担当，迅速行动，组建抗疫支援突击队，在荆州城区实行交通管制的情况下，造价人员每天徒步2小时赶赴现场，在十天内保质保量完成荆北新院紧急改造项目造价跟踪审计任务，为生命赢得了宝贵的时间。此外，建设银行还为天津、泉州等多地的抗疫应急医院项目提供造价咨询服务。

3.积极作为　助复工复产

食品保障是疫情防控工作的重中之重，充足、稳定的食品供应关系千家万户吃饭问题，是关乎国计民生的大事，建设银行北京市分行为首农集团平谷、昌平种猪饲养基地提供全过程跟踪审计服务项目，为首都人民的"菜篮子"工程保驾护航。同时，为支援复工复产，促进社会尽快恢复正常生产秩序，建设银行造价人更是积极作为、靠前服务。在疫情肆虐的情况下，建设银行造价人主动放弃春节休假，克服疫情影响，因地制宜，采取远程办公、视频会议等多种灵活方式，无条件、全时段响应客户的安排，为重点工程复工提供重要保障。

四、守正创新，不负时代使命

立足新起点，步入新阶段，建设银行大力推动新金融实践，积极为工程造价咨询业务赋能，打造传统业务新发展的第二曲线。同时，建设银行将践行中国建设工程造价管理协会专业委员会的职责使命，在工程造价咨询行业改革的大潮下，为行业发展再创辉煌贡献力量。

1. 跨界融合　创综合服务

建设银行创新推出工程项目资金咨询业务，将工程造价咨询技术与账户管理深入融合，根据工程项目建设进度及资金使用情况，为工程项目建设资金的合理使用，提供专业化建议，实现工程项目建设资金封闭管理、专款专用，精准管控工程项目建设资金全链条直达末端，为工程项目建设生态链补上关键一环。工程造价咨询与金融服务融合，既是一种跨界又是一种创新，既彼此独立又互相依存，在功能上可以互相促进，在策略上可以彼此呼应，经过碰撞擦出新的火花，让传统行业焕发出新的活力。

第一届理事会

2. 继往开来　望嵘新蓝图

"十三五"收官在即，"十四五"又将起航。"十四五"时期是我国全面建成小康社会、实现第一个百年奋斗目标之后，乘势而上，开启全面建设社会主义现代化国家新征程、向第二个百年奋斗目标进军的第一个五年。当前，中国经济由高速增长转向高质量发展，新型城镇化、"一带一路"、新基建建设为固定资产投资、建筑业发展激发新的活力，工程造价咨询行业的改革也不断深化，建设银行将积极探索工程造价咨询业务服务新模式，为客户提供更多、更好的服务。

3.携手并进　乘风鹏万里

30年来，中国建设工程造价管理协会引领工程造价咨询行业锐意进取、改革创新，取得了丰硕成果。建设银行作为中国建设工程造价管理协会专业委员会之一，将继续支持协会各项工作，与协会携手并进，为工程造价咨询行业走向成熟、规范和国际化积极贡献力量。同时，建设银行将不断提升服务国家建设能力，不断增强金融服务的适应性、普惠性、竞争性，在推动工程造价咨询行业发展、服务国民经济、促进社会民生高质量发展中展现新的更大作为。

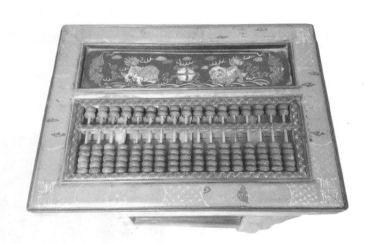

立足服务建章立制是行业协会发展之根本

□ 秦宇玲

　　荏苒30年，弹指一挥间。在纪念中国建设工程造价管理协会成立30周年的日子里，回顾其发展进程，作为同业协会的新疆建设工程造价管理协会与之相互联动，共同经历了不断实践与学习，以"提供服务、规范行为、自律管理、反映诉求、协调发展"为宗旨，坚持党的领导，以科学发展观为统领，建章立制，发挥着桥梁纽带作用。一是根据党和国家经济建设的总任务、总政策，结合行业发展实际，积极宣传党和国家工程造价管理法律、法规、方针政策，用政策引领行业健康发展；二是研究并探索工程造价改革和发展方向，理论、方针与政策，并向政府有关部门提出建议；三是协助建设行政主管部门加强行业

第一届理事会

监管与行业自律，提高行业执业质量水平，维护行业职业道德；四是调查研究会员企业情况和面临的问题，向政府有关部门反映会员诉求，依法维护会员的合法权益；五是为提高造价从业人员综合素质及执业水平，更新专业知识，组织编制行业标准、规范及工程造价专业教育培训教材；六是积极开展造价工程师（员）继续教育和行业人才培养，提高行业从业人员专业理论水平；七是开展评选先进与宣传表彰先进活动、开展诚信建设和

信用评价活动，组织经验交流座谈；八是积极推动工程造价行业信息化、网络化建设，创办造价行业协会门户网站，用信息化网络化提升工程造价行业现代化水平等方向积极开展工作。

历史经验告诉我们，一个行业的进步离不开一个成熟、规范运行的行业协会。以下是新疆建设工程造价管理协会在立足服务、建章立制、促进行业发展方面的一些总结与体会。

一、坚持以行业自律为主导，加强信用体系建设，是行业协会可持续发展之基石

1.建立行业自律制度

依据国家法律法规及工程造价行业标准规范，建立自我约束与互相监督相结合的行业自律机制。制定了《新疆建设工程造价咨询行业自律公约》（以下简称"行业自律公约"）。自2005年制定《行业自律公约》以来，历年不断修改完善。

2.坚持行业自律检查制度

组织开展常态化工程造价咨询企业行业自律检查。依据中价协印发的《工程造价咨询业务操作指导规程》《工程造价咨询合同示范文本》、职业道德执业行为准则和《行业自律公约》等行规行约的要求，坚持每年开展以规范工程造价咨询执业行为为主要内容的行业自律检查。采取企业自查、组织抽查、互检互查等督查方式，发现问题，树立典型，及时通报。针对检查中存在的共性问题，利用座谈会、培训班等方式，采取措施予以纠正、规范。每次检查既是行业自律检查，又是深入企业的调查研究。

3.健全自律管理制度

开展"工程造价咨询企业诚信建设活动年"活动。自2007年起，坚持至今的每2年1次围绕规范咨询市场秩序，持续开展诚信建设活动，其命名为"诚信建设活动年"。以"诚信建设活动年"活动为载体，组织开展了系列活动：一是召开"诚信建设年活动"动员大会。二是深入造价咨

询企业督促检查，组织学习交流座谈。三是为推进诚信建设年活动的深入开展，协会还适时召开咨询企业座谈会或交流会征求意见。四是为了促进企业诚信建设，树立典型，提高行业整体素质，开展"诚信建设活动中先进会员单位"评选活动。

4.推进造价咨询行业诚信体系建设

中价协为贯彻落实国务院、住房和城乡建设部关于社会信用体系建设的工作部署，制定并发布了《工程造价咨询企业信用评价管理办法》和《信用评价评定标准》。按照此办法及标准，结合地域实际，我们制定了《新疆地区工程造价咨询企业信用评价实地核查操作规程》和《实地核查评定标准》。同时，与中价协联动，组织开展了2016年、2018年、2019年度的新疆地区工程造价咨询企业信用评价（初评），初评结果报送中价协审定。信用评价活动的开展，得到了广大会员企业的积极响应和大力支持，共计101家工程造价咨询企业报名参评并最终通过评级。工程造价咨询企业信用评价制度的建立，充分发挥了行业协会自律建设之作用，也充分发挥了行业协会引领工程造价咨询业健康发展之作用。

二、建章立制、规范管理，是行业协会健康发展之根本

1.加强协会自身建设，规范秘书处工作程序

一是注重秘书处内部建设，健全完善各项规章制度。制定了廉洁自律和财务收支管理制度。实行民主建会、民主理财，财务收支公开和民主监督制度；坚持按照《章程》办事，每年按时召开理事大会和常务理事会，重大事项集体讨论决策。二是先后制定出协会秘书处内部管理工作制度、秘书处工作人员守则等制度。三是注重发挥协会联络站的服务功能，制订

了《新疆建设工程造价管理协会联络工作站管理制度》，各联络工作站严格按照管理制度，紧密配合协会的各项中心工作，认真开展为会员服务和行业自律督促检查，有效地促进了协会各项工作任务的顺利落实。

2.完善协会治理结构、强化领导班子责任

完善内部治理结构是有效实现良好的社会组织内部治理的必然要求，是社会组织发展的必要趋势。一是建立以《章程》为核心的内部治理结构，规范理事会制度，健全会员代表大会制度和协会的民主办会制度，以及完善内部监督机制。二是强化政治担当、明确领导权责，从而加强内部控制和制度建设，保护社会组织财产、防止财务失真，防止负责人权力过分集中，保障理事、社会组织的利益。

3.建立专家委员会制度

为适应行业改革及协会发展需要，充分发挥专家知识与才华，整合行业专家资源，新疆建设工程造价管理协会建立了专家委员会制度。制定《新疆建设工程造价管理协会专家委员会管理办法》，明确专家权利与义务。专家委员会作为新疆建设工程造价管理协会秘书处强有力的专业技术支撑，为行业协会发展奠定了专业技术保证。

三、坚持服务宗旨，为政府为行业为会员提供良好服务

协会始终坚持以为政府部门当好参谋、为行业发展开拓创新、为会员提供良好服务为宗旨，发挥着桥梁纽带作用。

1.发挥协会的协调作用，当好政府部门的助手与参谋

一是协助建设行政主管部门做好对工程造价咨询企业和造价工程师的日常监督管理，按照国家对造价咨询机构的申报与升级、注册造价师变更、延期注册和造价咨询机构的年审，推荐专家，召开专家审核会，对相关诉求的调查了解、对行政主管部门提出意见建议的整理、配合做好公益活动、组织会员对征求意见进行反馈等，为规范工程造价咨询市场献计献策。

二是积极配合并参与自治区建设行政主管部门对有关工程造价管理法规和规范性文件的制订和宣贯工作。协助建设行政主管部门和工程造价管理机构做好《建设工程工程量清单计价规范》《建设工程造价咨询规范》《建设工程造价鉴定规范》等国家标准的宣贯，承办全区性大型宣贯会议和专项培训班，为提升工程造价咨询企业执业能力和执业水平发挥积极作用。

三是积极参与并协助建设行政主管部门举办自治区工程建设标准化和工程造价管理改革工作会议，贯彻落实国家深化标准化和工程造价管理改革部署，总结自治区"十二五""十三五"工程建设标准化与造价管理工作，研究部署改革任务等。组织召开专家论证会，对《新疆维吾尔自治区建设工程造价管理办法》等在执行中遇到问题及建议；市场准入中造价咨询企业遇到的问题及应对措施并探讨解决方向和办法等。

四是为积极配合建设主管部门做好工程建设领域专业技术人员职业资格"挂证"等违法违规行为专项整治工作，协会组织会员单位多次专题讨论，针对存在的问题进行梳理并提出整改措施一并反映给建设行政主管部门。

第一届理事会

五是配合政府各职能部门做好自治区二级造价工程师考试准备工作，协会组织行业专家，结合我地区实际，按照国家二级造价工程师考试大纲要求，编制了《新疆地区二级造价工程师考试辅导教材》，为自治区广大应试人员报考全国二级造价工程师考试提供学习参考，为自治区培养后备人才，促进行业健康持续发展贡献力量。

2.发挥行业协会资源优势，推动行业可持续发展

一是拓展行业服务平台，建立运行了新疆建设工程造价管理协会网站。新疆建设工程造价管理协会网站自2013年5月上线运行以来，以宣传国家

及自治区工程造价管理的法律、法规和政策为宗旨，拓宽服务渠道，及时将造价行业信息上网，发挥宣传窗口作用和服务的主动性、便利性。同时，协助新疆建设工程造价管理机构办好《新疆工程造价管理信息》期刊；编写《工程造价管理动态》信息等。

二是加强对自治区造价从业人员规范化、自律化管理。自2011年5月，自治区住房城乡建设厅印发《关于由自治区建设工程造价管理协会归口做好建设工程造价员自律工作的通知》（新建标〔2011〕6号），本着立规章、打基础、抓重点的工作原则，做好自治区造价员管理，规范造价员从业行为，提高其综合素质与业务水平。

三是加强人才培养，不断提升造价从业人员专业技能水平。通过开展职业培训、编写教材、与高校联动、专家论坛、举办新知识讲座等多种形式，促进自治区工程造价行业执业人员提高执业能力和综合素质。

（1）组织专家学者，结合自治区实际，编制工程造价执业从业人员教育培训学习教材，先后编制了《新疆工程造价从业人员培训教材》《新疆工程造价从业人员培训教材习题集》《新疆建设工程造价员继续教育培训教材》《建筑工程施工技术知识》等。

（2）做好教育培训工作。一是2002～2019年组织实施造价工程师继续教育培训，参加培训约3万人次，其中参加集中面授培训的1.3万多人次；网络教育培训1.7万多人次；二是应广大考生的需求，2005~2017年协会每年都与新疆建设职业技术学院联合举办全国造价师考前辅导班，为自治区造价工程师队伍不断注入新生力量；三是组织实施造价员继续教育培训。几年来累计举办造价员继续教育培训班96期，参加培训约1.6万人次。

（3）为南北疆的贫困偏远地区的工程造价专业从业人员开展送知识、送技能公益服务。协会组织行业优秀专家分别在喀什、克州、和田、塔城、阿勒泰地区举办了公益免费培训讲座。

（4）在行业中开展工程造价专业知识（技能）竞赛活动。2017年、2020年分别举办了线下、线上竞赛活动，累计有1899人报名参加了竞赛活动。竞赛活动加强了国家工程造价计价规范及计价标准贯彻执行，提高了自治区建设工程造价专业人员的业务素养和执业能力，而且传承了行业进取发展理念，培养了行业应用型人才。

（5）在行业内举办学习交流会，如"分享共赢持续发展——建设项目全过程管理论坛""工程造价整体解决方案""'一带一路'投资、建设与EPC+PPP""科技赋能数字增值——携手共赢构筑行业发展新生态——2019科技时代的数字造价应用"等公益讲座，每年累计参与人数都在上千人次。

3.创新会员服务，增强协会的凝聚力和感召力

新疆建设工程造价管理协会高度重视会员发展工作，深刻认识到服务会员是协会的立会之本，也是协会的核心工作，我们将会员发展和加强服务纳入年度计划，作为协会的中心工作安排部署。在服务的内容和手段上狠下功夫，组织开展了一系列内容翔实、卓有成效的会员服务工作。

（1）在会员单位中开展"行业自律诚信建设先进会员单位评选""百名企业营业收入排序""优秀论文评选""摄影比赛""知识竞赛""交流学习""信用评价"、公益活动等的争先创优、内容丰富的活动，激发会员单位活力，增强荣誉感；丰富了为会员服务的内容和范围。

第一届理事会

（2）采取请进来走出去的形式开展多样的学习宣贯、考察交流活动，增强与会员的凝聚力。中价协举办的各种知识讲座，论坛、培训班和企业开放日等，我协会均积极组织有条件的咨询企业负责人或骨干或行业内的专家去参加交流学习，力所能及地为会员提供外省学习考察机会，使其学习和掌握前沿的造价咨询技术，增强企业核心竞争力，主动应对市场变化，开拓进取，寻求发展空间，使企业发展得更好。同时还邀请省外专家来新疆为会员单位传经送宝，利用一切

可以利用的资源和条件给会员搭建学习交流平台，拓展企业家在管理工作方面的视野和思路。

（3）协会不定期举办各会员单位之间的经验交流座谈会、成功案例分享会，宣贯国家关于工程造价的新政策、法规、标准、规范等，加强企业负责人政治教育学习，统一思想认识，提高政治站位，探讨企业遇到的热点、难点问题及应对措施，增强会员单位之间的交流与相互学习的机会，进一步加强了会员单位之间的相互了解和学习，为企业间的联系互通搭建平台。同时，对会员之间出现的各类矛盾和纠纷，积极处理、疏导协调。

（4）深入会员单位开展调研，及时收集、听取、反映会员单位的诉求和经营中遇到的难点问题，征求对加强会员服务、如何推进开展自律与诚信建设活动等方面的建议。及时将企业的诉求、建议和难点问题向建设主管部门进行反映。努力做好协调沟通等工作，尽力采取相关措施，更好地解决行业共性问题，维护行业和会员单位的共同利益。充分调动会员单位积极参与协会发展的大讨论，引导会员单位为行业发展献计献策。

我们在为会员做好各项服务中，不断拓宽工作思路和空间，努力构建服务平台，力争为会员多做事、做成事、做好事；始终保持富有朝气、充满活力，真诚务实的服务态度，通过扎实有效的服务，增强协会的凝聚力。让会员真正体会和认识到在当前改革发展的形势下行业协会的价值和意义。

实践证明，工程造价行业的蓬勃发展历程，也是工程造价行业协会成长和发展的历程。展望未来，协会更应该坚持科学发展的理念，坚持务实、清廉的工作作风，坚持创新开拓的精神，锐意进取，团结和带领全体会员，为工程造价行业的发展壮大做出新的贡献。

（作者单位：新疆建设工程造价管理协会）

三十载汇智聚力　探索中逐梦前行

□ 朱四宝

　　三十载汇智聚力，探索中逐梦前行。在纪念中国建设工程造价管理协会成立30周年之际，中价协冶金工作委员会回顾在协会指引下联动发展的进程。一是根据国内外工程造价和冶金工业的发展趋势，结合我国工程造价管理改革的形势，宣传、贯彻国家、行业制定的有关工程造价管理的政策、条例、法规，做好指导工作；二是为会员服务，为冶金行业服务，为政府服务，代表和维护会员的合法权益，在政府和企业间发挥桥梁和纽带作用；三是根据冶金工业建设工程造价工作的发展趋势，探索工程造价的改革方向并研究有关的理论和实践等问题，向政府部门提出建议；四是组织开展冶金行业工程造价专业人员

第一届理事会

的继续教育、培训和认证工作，举办技术讲座、专题研讨、技术讨论、信息交流、培训班等，提高工程造价专业人员的业务素质和理论水平；五是加强冶金行业工程造价咨询单位的质量管理工作，做好咨询成果的质量检查和优秀成果评选，推进技术进步，提高工程造价咨询成果的质量和水平，分期开展诚信建设和信用评价活动；六是扩大国内外同行业间的交流与合作，做好国内外及委员会成员内部的科技信息、技术交流，办好冶金

行业工程造价信息网；七是推进冶金行业工程造价企业经验交流与相互学习；八是积极承接建设行政主管部门委托的工程造价业务与课题研究，参与编制工程造价国家和行业标准及规范。

一、行业稳步发展

作为国民经济的基石和骨骼，中国冶金工业在党的领导下，历经数代冶金人呕心沥血的耕耘，在全球化市场的严酷考验中发展壮大。冶金工程造价专业与冶金工业建设同步发展，70年奋斗，30载筑梦，赢获了长足进步和蓬勃发展。

为山者基于一篑之土，凿井者起于三寸之坎。从1978年改革开放到今天，风雨历程四十多载，随着国家体制改革和社会主义市场经济的发展，中国钢铁工程设计包括造价咨询企业成为市场活跃的主体，形成了工程咨询、设计、监理、工程总承包、造价咨询为一体的综合性工程技术公司。各公司依据各自特点和规划，基本采取"一业为主、两头延伸、多种经营"的发展战略，不断拓展业务领域，扩大服务范围，调整结构。在专注工程设计的同时，有选择地开展工程技术咨询、工程造价咨询、行业发展规划、项目可行性研究、环评、工程造价过程控制、建设监理、工程总包、建筑智能化等多种经营活动，部分延伸到市政、岩土工程、房地产开发、装备制造等领域。在加入WTO后，各企业工程总承包形成了多种形式，EPC、EP、EC、DB，工程项目管理PM、PMC方式等。

与冶金工业建设同步发展起来的工程造价咨询专业，业务范围不断扩大，从起初的仅做工程预算、概算和估算拓展到标底编制、结算审核、建设方案比选评估乃至工程建设项目全过程造价咨询。结构调整、创新驱动、智能制造、绿色发展、开放发展仍然是钢铁产业必行之路，这也为我国钢铁工业的跨越发展提供了至关重要的战略机遇，同时也对冶金行业工程造价专业提出了新的课题和挑战目标。

随着冶金工业的飞速发展，工程造价业务范围也随之不断延伸和拓展，专业队伍的技术水平、工作方式、人员素质和装备日新月异。从最早的复写纸、算盘、计算尺、纸板定额、计算器发展到使用计算机定额软件，借助CAD图形算量、直到今天BIM技术的推广和大数据的采用，工作效率成倍增长，质量不断提高。工程造价专业队伍以崭新的面貌融汇于国家宏伟建设的滚滚洪流之中。

目前，适应市场经济条件下的新的工程计价标准体系框架已经初步构建，包括概算综合单价、清单综合单价、概算编制办法、估算指标、概算指标、基础单价等已经陆续颁布或正在按计划编制，冶金工业建设计价标准体系必将加速健全和完善。

二、协会助推行业不断前行

中价协第一届冶金工作委员会是在原中国冶金建设协会工程经济专业委员会的基础上整合而成，于2004年7月始在"一个机构、两块牌子"的背景下展开工作。冶金工作委员会成员单位涵盖面广，人员组成群英荟萃，包括了冶金行业建设、施工、勘察、设计、监理、定额站、大专院校和从事工程咨询、建设监理、招标投标代理等技术咨询单位。

第一届理事会

在中价协引领下，冶金工作委员会作为专家型学术团体，秉承"为会员服务，为冶金行业服务，为政府部门服务，代表和维护会员的合法权益，在政府和企业间发挥桥梁和纽带作用"的宗旨，为推动和促进冶金行业工程造价管理的进步和发展做出了持续努力。

1.构建规范运作的机构体系是协会工作的保证，追求合力效果是协会发展的动力

冶金工作委员会历届委员和领导机构成员都是由各成员单位自主推

荐，经全体委员大会选举产生并呈报上级协会批准。冶金工作委员会按"一处四部"进行机构设置，并挑选行业内影响力大，积极性高的单位承担各部主责和协办单位，同时明确各机构的工作内容、范围和职责。工作中我们始终倡导"协会工作大家做"，注重追求合力的效果。

秘书处是协会日常工作的中枢，承担着年度计划和工作报告的起草，组织全体会议（年会）；资深会员、优秀论文及单位咨询成果的评定和上报推荐、工程造价咨询企业信用等级初评；与各协会的联络和交流；协助并协调各部门工作开展及活动经费的管理。

多年来秘书处和各部在主任委员会的领导下各司其职，积极组织成员单位开展各项活动，主题明确、针对性强，措施得力，取得了令人满意的成绩。冶金工作委员会的实践证明，加强协会组织建设，充分调动和发挥会员单位的主观能动性，为丰富协会的活动和规范发展、充分调动会员积极性奠定了基础并发挥了积极的作用，增强了协会的活力。

2.借助协会平台，丰富年会内容，增强协会凝聚力

全体委员会年会是协会工作中的一项非常重要的内容，为了把年会开好，不断丰富会议的内容，增加实质性的效果，我们也进行了认真的探索。为使每次年会达到主题鲜明、重点突出、提高效率、增强效果的目的，每次年会都各有重点，内容丰富。在传达贯彻上级协会有关精神、讨论委员会年度工作报告和来年工作计划的基础上，委员会都会安排就重点专题进行交流和探讨。

多年来，组织好全体委员年会是冶金工作委员会的重点工作之一，年会上集论文发表、经验交流、专题讲座、学术探讨、表彰先进等内容丰富多彩，为协会工作活跃了气氛，增强了会员的凝聚力。

3.提高专业理论水平，注重课题研究探索

冶金委员会作为专家型学术团体，具有人才密集，研究课题广泛的特点。每隔几年就组织进行冶金工程造价管理优秀论文的征集、评选和推荐出版工作。亚太区工料测量师协会第九届年会，冶金行业共推荐论文8篇，其中有4篇入选优秀论文集。中国建设工程造价管理协会举办的"第

六届工程造价优秀论文评选活动"，本会共收到成员单位和个人提交的参评论文26篇，最终有4篇论文获奖。

2019年4月下旬，冶金工作委员会就"我国对外投资及承包国际工程造价管理方法"这一课题，召集冶金行业的建设、设计咨询、施工、定额总站等十几家单位的代表进行了专题研讨，研讨会议题明确、重点突出且具有一定的深度，为更多国内建筑相关企业"走出去"提供了值得借鉴的经验。

4.推进冶金工业建设工程计价标准体系建设

建立健全冶金工业建设工程造价计价体系，探讨并编制出适合当前和今后冶金工业建设各个阶段的工程计价系统依据。

初步设计概算是工业领域基本建设中投资管理与控制不可或缺的前提。新版《冶金工业概算综合单价》编制始于2017年，经过充分研讨准备于2018年初正式启动，2019年中完成并经审查后正式出版。《冶金工业建设工程计价标准——概算综合单价》的定位是团体标准，是今后冶金造价行业工程计价的指导性依据。

探索尝试《冶金工业清单综合单价》的编制。冶金工业建设的施工技术、施工工艺、技术装备和人工、机械、材料的品质、质量及消耗水平都发生了相当大的变化。而我们现行的计价依据特别是消耗量水平，大部分仍在延续老的定额基础，与市场的实际情况差距很大。近年来，为探讨适合当前和今后冶金建设工程计价依据的编制模式，委员会多次召开了"冶金工业建设工程计价体系及模式"的研讨会议，集各方之言初步形成了编制《冶金工业清单综合单价》的构想。《冶金工业清单综合单价》与传统定额（包括估算指标、概算定额、预算定额）的编制模式及方法不同，最主要的区别是单价中的人工和机械及辅材是采用市场成交价再经过分析加工后计入，以避开长久以来基础定额中人工、机械消耗量不准的问题。

冶金工业建设工程计价标准是一个体系，计价标准体系中的《冶金工业建设初步设计概算编制办法》正在编制中。将于近期正式报批终审、出版发行。

5.活动丰富是协会生命力之源，竭诚服务是立足之本

鼓励创先争优，推进行业发展。为调动工程造价咨询行业的企业及专业人员的积极性和创造性，努力形成学习先进的执业氛围，同时不断扩大冶金行业造价咨询单位的影响，本会组织各会员单位参加了中价协历次先进单位会员和优秀个人会员的评选活动，多家单位获得先进单位会员、先进个人会员称号。委员会在工程造价咨询企业资质管理、专业培训、继续教育等方面长年坚持不懈，一丝不苟，竭诚为会员单位和全体会员服好务。"追求合力、热忱服务、讲求激励、彰显活力"仍将是我们冶金工作委员会今后的努力方向。

今后，冶金工程造价委员会将继续振奋精神、开拓进取，创新提升。行业协会存在的价值关键是服务，我们将不断拓宽工作思路和空间，努力构建服务平台，力争为会员多做好事，通过扎实有效的服务，增强协会的凝聚力。

（作者单位：中国建设工程造价管理协会冶金工作委员会）

以党建为引领 促进协会工作再迈新台阶

□ 顾　群

陕西省建设工程造价管理协会（以下简称"陕价协"）自成立党组织以来，始终坚持以党建为引领，以服务会员、引导行业发展为宗旨，从陕西工程造价行业的实际出发，紧跟全国改革发展的步伐，不断丰富服务内容、创新服务方式，提高服务效能，开展了一系列富有成效的活动，有力地促进了全省工程造价行业的健康发展。

一、始终把党建摆在协会工作的首位，精心谋划、认真安排、狠抓落实

陕价协党支部成立以来，我们每年初在研究协会主要工作内容，部署全年工作任务，按计划进行督促落实时，都坚持把党建摆在协会整体工作的首位，既讲形式、更重内容，既看过程、更求成效，从而使协会的党建工作在方向引领、党员教育、业务开展多方面都发挥了积极作用。

协会实行在党组织领导下的理事长负责制，党支部书记履行"一岗双责"的党建工作责任，明确年度党建工作目标，落实工作责任，细化工作任务，确保党建工作抓具体、抓深入、抓到位。党支部严格按照上级党组织要求，教育引导党员树立"四个意识"，坚定"四个自信"，坚决做到"两个维护"，始终在思想政治和行动上同以习近平同志为核心的党中央保持高度一致，还主动联系、协调陕西省建设系统12个党支部多次开展不同内容、不同形式的主题党日活动，认真思考协会的"初心"是什么，"使命"是什么，准确把握主题教育的目标和任务，深刻认识开展主题教育的重大意义，把主题教育与协会工作和文化建设紧密结合，以高度的政治责任感把主题教育抓实抓细抓到位。

先后开展多次专题学习，党支部书记带头领学《习近平新时代关于"不忘初心，牢记使命"重要论述选编》《习近平新时代中国特色社会主义思想纲要》《中国共产党政法工作条例》等重点篇目；组织全体协会工作人员赴铜川照金革命老区进行红色教育、赴延安开展"庆祝党的生日重温延安精神"主题党日活动、赴河南省林州市红旗渠开展"不忘初心、牢记使命"主题教育培训、前往爱国主义教育基地——扶眉战役纪念馆开展"缅怀革命先烈，牢记初心使命"主题教育党日活动；开展多次专题教育党课、专题民主（组织）生活会，认真学习，仔细思考，联系实际以及本职岗位和自身特点，对照主题教育活动展开批评与自我批评，找出问题并分析原因，提出整改措施，把学习中的"心动"变成"行动"，践行为广大会员服务的初心，提高为会员服务的能力，提升为会员服务的水平，推进行业协会健康发展。

二、充分发挥党员的先锋模范作用，在高质量服务于会员、正确引领行业发展上下功夫

陕价协党支部在党建工作中，坚持以思想建设和作风建设为重点，以充分发挥党员的先锋模范作用为目标，在努力强化党员政治自觉的同时，不断增强党员的服务意识，提升服务能力和效率，提高正确引领行业发展的工作水平。

党支部书记带头学习，撰写学习笔记，体会交流研讨，组织党课学

习等方式，努力做到全面系统学、及时跟进学、重要内容专题学、联系实际学，主持召开了中共十九届四中全会精神党课学习、开展专题教育党课等。通过形式多样的学习方式，激发了支部党员的热情和激情，党员的整体素质有了明显的进步。根据协会工作人员的实际情况，党支部组织会长、副会长给职工讲述造价工作的专业知识课，邀请专家给职工讲公文写作，进一步提高为会员服务的能力和写作水平。通过学习教育，党员素质明显提高，进一步改进职工的工作作风，加强党的基层组织建设，促进党组织焕发活力。

协会党支部积极参与社会公益事业，践行社会义务。在这次抗击新型冠状病毒疫情中，协会党支部充分发挥党组织的战斗堡垒作用，倡议全行业要在保护好自己的前提下充分发挥自身所长，尽自己的能力积极参加这次抗疫战斗，带领会员单位积极捐款捐物，有的单位还利用专业特长，为抗疫提供技术援助；协会在官网和新媒体上登载文学作品，弘扬正能量，鼓舞抗疫斗志，坚定抗疫信心，传递真情，共克时艰，收到了各方的好评。协会党支部先后赴略阳县石坝社区和靖边县席麻湾镇东高峁村，提供扶贫资金6万元；参加"爱心粥屋"公益活动，向空巢老人、留守儿童、环卫工人等弱势群体发放爱心粥；在全国第61个"环卫工人节"，慰问一线环卫工人，为环卫工人送去了米、面、油等慰问品。

三、不断创新教育、服务引导方式，提升工作效能

陕价协党支部在作用发挥的具体方式上，坚持以工作成效为导向，顺应社会发展和技术进步带来的各种变化，不断创新，收到了良好的效果。

　　陕价协会员队伍不断壮大，会员由2016年脱钩时57家单位会员发展为至今180家单位会员、个人会员4228人，下设专家委员会，逐渐发展成方向正确、目标明确，制度完善、运作规范，服务多元、成效明显的社会组织。协会坚持把对会员服务作为第一要务，不断创新服务内容和方式，有针对性地向会员提供及时有效的服务。完善秘书处配置，提升秘书处工作水平，加强协会服务手段、服务水平提升，初步完成网络平台建设，"陕西省建设工程造价管理协会网站"正式上线，形成了"一网（官网）、一群（QQ会员群）、一刊（《陕西工程造价管理信息》）、一平台（微信公众号）"的立体信息网络；为提高陕西省"造价执业资格"考试的通过率，积极开展二级造价工程师考前培训工作；积极做好注册造价工程师继续教育工作；围绕行业转型升级，组织高层次业务讲座；走出去，请进来，扩大与兄弟省市协会的交流；走访会员单位，密切与会员单位的沟通交流；举办首届陕西省工程造价专业人员技能竞赛，促进了陕西省工程造价行业健康有序发展，调动了会员单位和工程造价从业人员的积极性和创造性，提升了造价从业人员的专业能力，扩大了行业知名度和影响力；开展全过程工程咨询试点工作，推进工程造价咨询行业20强企业评价和工程造价咨询企业信用评价工作，完成了《陕西省工程造价咨询行业20强企业发展报告（2011-2019）》的编写；完成"陕西省建设工程造价管理专家委员会"的扩容与换届等，有效地提高了协会凝聚力和影响力，促进了协会各项业务工作；开展"专家大讲堂"活动，充分发挥专家的技术支撑作用，不断提升专家委员自身的业务水平。协会始终以党建引领发展，本着"不忘为会员服务的初心、担当促进行业持续健康发展的使命"的指导思想，促进协会健康发展。

（作者单位：陕西省建设工程造价管理协会）

风雨三十年　同心铸辉煌

　　回首中国建设工程造价管理协会成立30年来，带领全国各省级协会和造价工程师在确定工程造价、保障国家和社会公众利益、控制基本建设投资、节约公共资源、辅助政府决策中较好发挥了作用。也正是在中价协的指引带动下，吸引了无数优秀人才投身造价、逐梦未来。

　　30年来中价协不断创新三级联动机制，全国、省、市贯通，集体对外发声、同向发力，"共商、共享、共建"，切实提升了各级协会工作的协调性、一致性，共同发展，促进工程造价事业的壮大。浙江造价行业在中价协的关心指导下，也逐步从无到有、从小到大，发展成长。

国务院有关部委工程定额与造价联络网一九九四年网会

一、浙江省工程造价咨询行业稳步发展，逐渐壮大

　　1.经历了近30年的发展历程，浙江工程造价咨询企业通过编制与审查预结算造价咨询，施工全过程造价确定与控制或施工全过程造价跟踪审计、招标代理与司法鉴定等咨询服务，维护了各方合法权益，为国家和投资者节省了大量投资，提高了投资效益，创造了经济效益和社会效益，安

纪念中国建设工程造价管理协会成立30周年系列文集 | 043

置了一批就业人员，现已发展成为不可替代的中介服务行业。

浙江省造价咨询企业从1997年的4家发展到2020年10月617家，甲级企业从0到2020年270家；省外企业在浙江省设立造价咨询分公司98家，浙江省企业在省外设立分公司超过71家，在各市设立分公司（办事处）超过1181家。2019年浙江省工程造价咨询企业完成的工程造价咨询项目所涉及造价总额达4.26万亿元。工程造价咨询企业的营业收入为211亿元（不含营业外收入）。

2.浙江省工程造价咨询行业从业人员储备合理。浙江省从1997年首批认定的23名造价工程师到2019年底共有一级注册造价工程师10790人，其中注册在工程造价咨询企业5670人，占造价工程师总数的52.5％，占全部造价咨询企业从业人员的15.4％。到2019年底，工程造价咨询企业从业人员共36674人，其中正式聘用员工35192人，占96％。

二、浙江省工程造价信息化不断改革创新，助推建筑业高质量发展

随着我国逐步推行工程量清单计价制度，工程价格从政府指令性价格向市场定价转变，在定价过程中，造价信息起到了举足轻重的作用。无论是政府造价主管部门，还是工程发承包方，都要通过工程造价信息来了解和掌控市场动态，预测和分析造价的变化趋势，最终做出正确合理的决策。工程造价信息作为一种社会资源，在工程建设中的地位日趋明显。通过各种渠道进行工程造价信息资源的收集、整理和发布。浙江省工程造价信息化建设工作紧紧围绕全省住房城乡建设事业中心工作，不断改革创新，为浙江省建筑业高质量发展做出了积极的贡献。

（一）发展历史

浙江省建设工程造价动态管理始于20世纪的90年代。为了适应当时的经济发展，逐步改革建筑安装工程造价的计价、定价制度，浙江省建设

厅、浙江省计经委于1993年6月联合印发了《关于浙江省建筑安装材料预算价格动态管理若干规定的通知》，自1993年7月1日起执行建筑安装材料预算价格动态管理；同年9月，《浙江省建筑安装材料预算价格动态管理实施办法》制定出台。自此，以"控制量、指导价、竞争费"为改革思路，各市（地）建设工程造价管理机构根据市场行情，开始了按月（或季）发布主要材料市场信息价以及其他材料价格指数，并据以计补材料价外差。材料信息价的发布标志着浙江省工程造价的动态管理从此起步。其后，浙江省建设工程人工、材料、机械的价格动态管理也在不断地探索、实践中。2004年颁发的《浙江省建设工程造价计价管理办法》中就明确规定了省和设区的市的建设工程造价管理机构应当定期采集、测算和发布市场价格信息。2007年，浙江省建设厅发布了《关于开展建筑工程实物工程量与建筑工种人工成本信息测算和发布工作的通知》，统一测算口径和测算方法，按季公布建筑工程18类工种月工资和日工资价格信息，为合理确定浙江省各市的建筑工程劳务用

工工资水平提供参考依据，对保护浙江省建筑劳务市场农民工的合法权益起到积极的促进作用。2008年印发了《浙江省建设工程人工市场信息价发布办法》，开始了浙江省建设工程人工市场信息价的测算、发布工作。2011年，又出台了《关于进一步规范人工市场信息价发布管理的通知》，明确规

定了人工市场信息价按一类、二类、三类人工分别进行测算。

　　为满足建筑业营改增后建设工程计价需要，2016年按照"价税分离"的原则，浙江省对建筑业实施营改增后建设工程材料价格信息发布工作进行了调整，发布了《关于营改增后浙江省建设工程材料价格信息发布工作调整的通知》，明确了营改增后材料市场信息价发布内容调整为含税信息价、除税信息价两个部分。

（二）改革进行时

2017年8月，为了进一步促进浙江省建筑业持续健康发展，浙江省住房城乡建设厅发布了《浙江省人民政府办公厅关于加快建筑业发展与改革的实施意见》，意见指出"深入贯彻党的十八大和十八届历次全会、中央城市工作会议以及省第十四次党代会和省委城市工作会议精神，以新发展理念为引领，以'八八战略'为总纲，以推进建筑工业化为主线，坚持问题导向和效果导向，着力推进供给侧结构性改革，按照适用、经济、安全、绿色、美观的要求，深化建筑业'放管服'改革，加快推进建筑业转型升级"。具体抓以下四个方面工作：

一是明确思路。将工程造价信息的内涵和外延拓展至包括计价依据编制与管理、人材机计价要素以及计价市场管理、咨询行业发展等多个方面。以掌握市场动态为出发点，以服务建设市场为落脚点，用数据说话，从实际出发，建立动态联系。

二是制度保障。浙江省出台了《浙江省建设工程造价管理办法》，以信息工作为突破口，推出招标控制价、中标价、工程结算价信息报送制度。通过收集信息、掌握信息，对三项价格进行对比分析、预测价格发展态势、制定可行有效政策、正确引导并约束市场行为。

三是平台建设。为进一步发挥工程造价指数指标在反映造价变化规律、预测投资趋势、为政府投资决策提供服务等方面的作用，2017年浙江省造价站开展了浙江省房屋建筑工程（包含建筑工程和安装工程）综合造价指数（以下简称"综合指数"）和单项造价指数（以下简称"单项指数"）测算工作，经浙江省住房和城乡建设厅同意，自2018年起按月发布综合指数和单项指数。

四是公共服务。通过"浙江造价信息网"，免费向社会提供《浙江造价信息》电子期刊，通过期刊和网站，按月向建设市场提供人工、材料、机械台班等各类计价要素信息。同时，为更好地助推建筑业发展，先后编辑发布了《价格信息——"建筑工业化和住宅全装修"专刊》《价格信息——"绿色建筑"专刊》《价格信息——"住宅全装修"专刊》等。

三、不断完善本省计价依据体系，推进计价依据改革

改革开放以来，浙江建筑业发生了全方位、深层次、历史性的变化，综合实力显著增强，社会贡献显著提升，走出去发展成效显著，工业化建造成效显著，质量意识提高显著，技术创新进步显著。浙江省工程造价管理工作紧紧围绕全省住房城乡建设事业中心工作，适应建筑业的改革和转型发展，不断完善计价依据体系，推进计价依据改革，为浙江省建筑业高质量发展做出了积极的贡献。

2017年，为响应"最多跑一次"的政府服务改革目标，加强浙江省建设工程计价依据实施管理，规范建设工程计价依据解释工作，浙江省造价总站制定了《浙江省建设工程计价依据解释管理规定》，实施"互联网+

定额"，开通定额解释网上咨询通道，组织建设相关各方召开定额解释咨询会，通过网上网下全年受理并回复定额解释申请，为建设各方主体及时解决工程造价中的问题。

当前，互联网等新技术与传统造价行业管理工作的结合是大势所趋，政策所向。为适应建设市场改革、发展的需要，探索工程造价管理的创新与发展，改革工程定额的静态管理模式，促进工程定额编制依据的市场

化，提高工程定额管理的信息化，更好地发挥工程定额在维护建设市场秩序、提高工程投资效益、推动技术进步等方面的基础性保障作用，浙江省正在研究开展建设工程定额动态管理工作。

通过动态管理，使工程定额项目紧随建设市场创新发展不断充实完善；工程定额内容紧跟施工技术的进步不断修改调整；工程定额水平紧贴建筑市场实际不断调整合理。强化工程定额项目编制的及时性，提高定额项目使用的时效性、工程定额项目适用的针对性，提高工程定额管理的信息化程度，更好地为浙江省工程建设提供基础性保障服务。

四、新时代呼唤大担当，大转型孕育新机遇

30年沧海桑田，30年风云变幻。随着供给侧结构性改革不断深入，行业转型升级正在驶入快车道，中国工程造价行业朝着适应经济大形势发展的方向继续前行，浙江造价人将继续不忘初心，以创新推进行业向绿色、智能和质量效益型转变。

（作者单位：浙江省建设工程造价管理协会）

中国建设工程造价管理协会会员代表大会合影 1999.8 呼和浩特

锐意改革　创新奋进三十年

□ 周守渠

　　1990年7月，中国建设工程造价管理协会成立。30年来，中国建设工程造价管理协会在工程造价领域锐意改革，创新奋进，坚持为政府、为行业、为会员服务，走过了从创立到创新，从而不断走向成熟，在各项工作中取得了丰硕成果。

一、助力改革推动行业发展

　　中国改革开放四十多年来，我国经济在改革中探索、发展，经济体制经历了从市场经济探索、建立、完善，到全面深化四个阶段。工程建设领域是中国经济发展的重要支撑，作为工程建设的组成部分工程造价管理在中国经济改革发展中发挥了积极的作用，工程造价管理工作改革经历了市场计价体系探索、建立、完善的过程。20世纪80年代末、90年代初是工程造价管理工作改革起始时期，工程造价管理工作在中国经济改革开放的大潮中生根发芽。也正是这个时候，中国建设工程造价管理协会成立了。

30年来，我国工程造价管理工作经历了市场计价体系探索（统一量、指导价、竞争费，实行推广招标投标）、市场计价体系建立（引进和建立工程量清单计价模式、市场形成价格）、市场计价体系完善（完善工程量清单计价模式、强化市场作用、加强市场监控）及适应全面深化市场经济体制改革的工程计价模式探索的几个阶段。

协会积极探索、努力进取，以服务为宗旨，兢兢业业做好会员（个人会员、企业会员）服务、辅助政府做好参谋、政府与会员桥梁等工作。

二、发挥纽带作用，做好政府参谋

中国建设工程造价管理协会自成立以来，在住房和城乡建设部领导下，积极承担工程造价管理相关工作，分别开展了人员和企业资质管理、计价依据（定额）编制、课题研究、工程造价相关政策和制度制定等工作，为政府决策部门做好基础工作，积极献言献策，当好参谋。

特别是，在近年与行政机关脱钩的形势下，更加注重为政府部门提供业务和重大决策提供服务。主动服务于行业主管部门，积极参与造价管理改革，比如《工程造价咨询企业管理办法》修编工作、工程造价费用构成研究工作等。积极为行业主管部门建言献策，如参与了《招标投标法》修编、组织完成《工程造价咨询行业发展报告（2019版）》等工作。

中国建设工程造价管理协会所做的工作，为政府、行业主管部门提供了一手基础资料和研究成果，为政府部门决策提供了有力支持，同时也代表工程造价行业、会员企业和个人反映诉求。

三、锐意改革努力创新

中国建设工程造价管理协会在我国经济体制改革中成立、发展，因此赋予了其改革创新的使命。事实上，协会自成立伊始就引领我国工程造价管理领域锐意改革、不断努力创新。30年来，在有关领导、专家学者及协会推动下，20世纪90年代提出了统一量、指导价、竞争费的理念，21世纪协助住房和城乡建设部完成了工程量清单计价模式引进和完善等工作。工程量清单计价模式已经成为现阶段我国最主要的工程计价模式，下一步将由施工图、交易计价阶段计价推广到初步设计和方案设计阶段中。

信息化、智能化、大数据是当前技术前沿，是新的经济增长极。协会从2015年提出了工程造价管理信息化和大数据建设，在全行业开展了工程造价管理信息化和大数据建设推介会、研讨会。2020年，完成了《工程造价信息化发展研究》，课题以我国工程造价信息化发展现状、存在问题为出发点，对我国工程造价信息化建设的总体规划、管理办法、可持续发展机制、信息化标准以及推广应用等问题开展研究，提出搭建信息化协同发展机制、信息使用及共享机制、信息化建设整体规划、信息化标准体系规划、信息服务体系规划的建议框架，有助于工程造价行业信息化建设。

2001年，北京国际工程造价研讨会

针对BIM技术应用对工程造价的影响，协会2019年开展了《BIM技术应用对工程造价咨询企业转型升级的支撑和影响研究》课题工作，课题报告全面、真实介绍了国内外工程建设行业BIM应用情况，重点对当前国内工程造价业务BIM应用进行了切实的技术分析，深入研究了工程造价咨询行业企业基于BIM技术转型升级路径；课题对工程造价企业如何把握BIM技术，如何利用BIM技术推动行业转型升级提出了建议和实施路径，为下一步工程造价行业推广应用BIM技术打下了基础。

四、筑牢基础完善标准

造价管理基础制度和标准建设是工程造价管理的重要支撑，中国建设工程造价管理协会成立以来，不但建立了协会自身的造价管理基础制度和标准，还承担了住房和城乡建设部委托的标准和定额的编制工作，以及重大研究课题。

1.协会标准

协会从2005年起着手协会标准编制发布工作，作为规范会员从事造价管理业务行为准则。至今已经编制发布协会标准十几项，其中建设项目投资估算编审规程、建设项目设计概算编审规程等多项进行了修编和升版。

2.协会参与编制的国家标准及定额

协会受住房和城乡建设部委托，参与编制了多项国家标准及定额。

3.协会承担的课题

协会还承担了住房和城乡建设部委托的建设项目投资费用组成研究、建设项目投资费用组成等项目，这些项目的完成，对住房和城乡建设部造价管理政策、法规的制定提供了支持。

五、走出去、引进来甘作桥梁

中国建设工程造价管理协会成立以来，作为国际工程造价组织成员即担负起国内外交流工作，通过信息交流、课题研究等形式为会员（企业和个人会员）"走出去、引进来"搭建沟通和交流平台，分别与香港测量师学会、英国测量师协会、北美造价工程师协会、国际工程造价促进协会

（AACE）等建立了定期联系机制。2019年至今，协会作为PAQS成员国组织参加了"第23届泛太平洋工料测量师协会理事会暨国际专业峰会"、发布了《国际工程造价行业动态简报》、开展了《我国西南周边"一带一路"沿线工程造价管控思路与方法研究》、编制了《国际工程项目造价管理案例集》。

随着我国政府和企业投资国际化增加，特别是"一带一路"倡议的实施，使得我国工程造价咨询行业了解和学习国外项目投资造价管理经验、提升工程造价管理行业国际影响力和竞争力的需求更加迫切。

六、诚心实意服务企业

中国建设工程造价管理协会成立以来，以服务会员企业为宗旨，积极开展各项支持会员企业活动。为了更好地服务会员企业，以近几年为例，2018年开展了《工程造价软件的测评与监管机制研究》；2019年，召开了新形势下工程造价咨询企业财务管理和税务筹划研讨会，发布了《工程造价咨询企业服务清单》；2020《建筑法》修订中的工程造价有关问题研究等。

以"新形势下工程造价咨询企业财务管理和税务筹划研讨会"为例，会议的目的是针对会员单位反映税制变革及社保征收方式等政策变化给企业经营管理带来的诸多新挑战，通过研讨促进企业正确理解、积极应对财税新政。2020年，《工程造价咨询企业诚信监管模式研究》课题旨在研究制定造价行业的诚信监管模式，发挥各方作用，构建政府、行业协会、征信机构、造价咨询企业等各方主体参与的诚信监管体系。目的是要加强信用监管，规范执业行为；依法监管，依法行政；重抓实施，优化营商环境；服务工程造价咨询企业，健全市场。

　　回顾中国工程造价改革发展历程，经历了从20世纪80年代计划经济定额计价体系恢复、完善、发展，90年代市场计价体系探索，到21世纪初，市场计价体系建立和市场计价体系完善的发展过程。在这个过程中，融入了工程造价行业所有造价人员的智慧和劳动。随着我国工程造价业务不断向"国际化、信息化、法制化、市场化"改革发展，投资规模、领域等扩大，工程造价行业会面临更艰巨的任务、更新的挑战、更多的困难。中国建设工程造价管理协会将继续求真务实，开拓进取，为政府、行业、会员提供更多更好的服务，推动行业持续健康发展。

（作者单位：中国石油工程造价管理中心）

转变工作态度　提高服务能力

□ 龚春杰

　　峥嵘岁月载史册，不忘初心展望未来。2020年是中国建设工程造价管理协会成立30周年，这30年工程造价行业经历了起步的筚路蓝缕，前进的风雨兼程。一直以来，吉林省工程造价协会（以下简称"吉价协"）与中价协在工作中共同学习，不断成长，助推工程造价行业科学发展。

　　第一，建立信用评价体系。近年来，吉价协积极开展吉林省造价咨询企业信用评价工作。2019年，为贯彻落实国务院、住房和城乡建设部关于社会信用体系建设的工作部署，加快推进工程造价咨询行业信用体系建设，受中价协委托，吉价协负责吉林省工程造价咨询企业信用评价的组织和管理工作，根据中价协新修订的《工程

造价咨询企业信用评价管理办法》及《工程造价咨询企业信用评价标准》的有关规定，吉价协积极组织吉林省造价咨询企业参与信用评价。

　　第二，积极服务于会员。吉价协把积极发展会员、服务会员作为协会的一项重要工作，组织会员企业参与课题讨论征集，组织建设工程造价咨询成果文件评比等活动，通过参与这些活动，加强造价咨询专业人才队伍培养和提高造价咨询业务能力和水平，使会员企业开阔眼界，提高认识，引

领行业发展。同时积极发展中价协资深会员，发挥省级造价管理协会在发展资深会员过程中的作用，吉价协坚持多渠道、全方位发掘人才，严格把关，通过选拔先进人才发展为资深会员，来促进工程造价行业可持续发展。

第三，注重人才队伍建设。为促进工程造价行业更好地适应新形势发展，应进一步加强工程造价专业人才队伍建设，积极开展造价工程师继续教育工作，提高从业人员专业理论水平，为促进建筑业高质量发展"添砖加瓦"。近年来，中价协更加重视行业高端人才培养的研究和规划，通过与各省联办培训班的形式，大大增加了各级行业协会的影响力和凝聚力。2019年9月，中价协和吉价协在吉林长春共同举办了工程造价业务骨干培训班，通过此次培训，学员们深刻认识到当今时代发展的紧迫性及适应新形势的必要性，促使造价业务骨干们及时转变观念，提高自身法律意识和对国家相关政策的认识度，发挥高端人才引领作用。

第四，推动行业国际化发展。积极推进吉林省内优秀造价咨询企业"走出去"，向各发展先进省份学习经验方法，参与中价协举办的企业开放日活动，学习吸纳国内外先进的行业技术、借鉴工程造价管理的方式，通过交流合作达到共同进步，为日后开展国际化业务积累宝贵经验。

第五，参与公益慈善事业。涓涓细流，能汇成汪洋大海；滴滴汗水，浇灌出累累硕果。作为行业协会，吉价协带头组织公益慈善捐款捐物活动，积极倡导造价咨询企业投身到公益事业中去，强化公益理念，践行社会责任。

协会承担着贯彻执业准则，为行业发展提供专业保证，规范行业执业行为，传达会员诉求，发挥企业与政府主管部门间桥梁纽带的作用。

一、协会的发展历程

1.重视信息化建设，发挥宣传窗口作用

《吉林建设工程造价》期刊肩负传达政府发布的建筑行业政策法规、宣传行业动态的职责，组织行业专业知识讨论，起到了行业宣传窗口的作

用。吉林省造价协会受到中国建设工程造价管理协会微信公众号启发，充分利用微信网络平台建立信息化传播新途径，2015年9月，吉价协推出了吉林省建设工程造价管理协会微信公众号，以更加快捷的方式传递行业信息、宣传协会活动，转发国家及部委等发布的最新政策资讯，使服务会员的方式更加迅速、多样化。

2.创先争优树标杆，担当有为立发展

2002年10月，中价协印发了《关于充分发挥工程造价行业协会在工程造价咨询行业管理中作用的意见》的文件，吉价协积极响应，每年做好工作计划，定期组织会员参加行业法律、法规宣讲等培训。积极组织会员单位参与中价协举办的评选优秀造价论文、工程造价优秀成果评奖等，为激励吉林省会员创先争优，促进行业健康发展，吉价协每年举办评选优秀造价企业、优秀造价师等活动，表彰和奖励在工程造价行业从事咨询、研究等活动中表现优秀的单位和个人，推动工程造价行业提高咨询质量和服务水平。

3.振兴东北，促进行业全面发展

2003年，国家提出了振兴东北老工业基地的战略决策，其最终目标就是要将东北老工业基地调整改造、发展成为我国经济新的重要增长极。吉林省是东北老工业基地的重要组成部分，吉林的振兴对于实现东北地区的全面振兴具有重大意义。借着政策的东风，吉林省经济发展迎来了新机遇，建筑业的发展也迎来了高峰。2019年9月为贯彻党中央新一轮东北振兴的战略，响应振兴东北的号召，同时更广泛开展会员服务工作，中价协和吉价协共同举办工程造价业务骨干培训班，此次培训活动旨在引导和推动东北三省加强工程造价专业人才培养，改善造价知识结构以及提升综合业务服务能力，适应市场化、法制化发展趋势的需要。

4.脱钩改革回归本位，砥砺前行获5A殊荣

2014年12月吉价协召开了第三次会员代表大会，选举产生协会第三届理事会，常务理事会和新一届领导机构。新一届领导集体为协会工作带来了新的生机和活力，使协会的整体工作水平有了进一步提升。2015年，根据国家《行业协会商会与行政机关脱钩总体方案》的要求，协会2015年4月与管理部门正式脱钩，脱钩后的协会工作面临的挑战与机遇并存，协会从注重自身建设做起，努力提高工作能力，转变工作作风，在中价协的指导下，积极组织各项活动，与中价协在工作中互联互动，加强行业协会与会员企业的沟通交流，反映企业的建议诉求，发挥协会的桥梁纽带作用。因扎实有效的工作成果于2016年荣获了吉林省民政厅颁发的5A级协会荣誉。

5.建立行业专家库，提高决策水平

为深入推动造价行业改革，解决会员企业在造价咨询工作中遇到的问题和纠纷，吉价协于2014年建立第一届工程造价专家库，专家库成员每三年更新。专家库的建立，标志着吉林省工程造价行业发展的高层次咨询机构和智囊团队的正式建立，对促进吉林省工程造价行业科学发展具有重大意义。

6.关注公益事业，践行社会责任

吉价协在做好服务会员工作的同时，不忘自己肩负的社会责任。多年来参与一系列爱心捐赠活动，"走进儿童福利院活动""走进孤儿学校活动""为洪灾灾区人民捐款活动""为诺亚之星特殊教育学校捐赠钢琴活动"，处处都体现了吉价协的社会责任担当。特别是面对今年年初的新冠疫情，协会更是发动全省造价行业会员单位积极为武汉及吉林省抗疫单位捐款和捐赠防疫物资，得到会员单位的积极响应，累计捐款捐物达100余万元。充分发挥了行业协会的影响力。

7.积极"走出去""引进来"

在做好会员服务工作，发挥社会组织作用的同时，协会积极开展与中价协及各兄弟省份造价管理协会交流：江苏省、陕西省、辽宁省等兄弟省

协会分别来到协会座谈交流；2019年，中价协领导先后两次到吉价协调研工作，大家就脱钩后的协会建设和管理，行业协会发展趋势及协会具体工作经验进行交流，在交流中互相学习、借鉴，对提升吉价协工作起到极大的促进作用。

二、展望未来谱新篇

展望未来，在机遇与挑战并存的年代，我们一定不忘初心，牢记使命。继续坚持求真务实的工作作风，保持良好的精神风貌，奋力开拓，锐意进取，抓好协会自身建设，提高政治站位，强化责任担当，适应行业发展需要，勇于创新工作方式方法，反映会员企业的意见建议，发挥好会员企业与政府主管部门之间的桥梁纽带作用。组织行业标准编制、技术攻关和研讨，推动科技创新，举办线上线下政策解读与业务技能培训，促进政策在企业执行和人才队伍建设，组织行业职业技能竞赛与优秀奖项评选，组织交流学习等活动，积极为企业发展排忧解难，多为企业做好事实事，通过活动把会员凝聚到一起，增强会员的归属感向心力，赢得会员企业的信赖信任和支持。把为会员企业提高优质服务作为协会的工作目标，使协会工作焕发新的生机与活力，始终保持旺盛的生命力，为工程造价行业高质量发展埋头苦干。

2000'中西南地区建设工程造价管理研讨会代表合影
2000.11.21

（作者单位：吉林省建筑业协会工程造价专业委员会）

抢抓机遇　服务赋能

□ 海南省建设工程造价管理协会

自2002年成立至今，海南省建设工程造价管理协会已经走过了18年的历程。作为海南省工程造价行业管理组织，伴随着我国建筑行业和工程造价管理的深化改革和创新发展，协会在做好政府管理部门参谋和助手，促进行业进步，服务会员企业，加强人才培养，开展交流合作等方面发挥了重要作用，取得了显著成绩。截至2020年，海南省现有工程造价咨询甲级资质企业33家，乙级资质34家，2018-2019年共有12家企业被中价协评定为AA级、AAA级企业，占全省甲级企业的36%。

一、抢抓机遇，明确行业管理目标与路径

2020年的海南省，因为《海南省自由贸易港建设总体方案》的发布实施和"国家级江东新区"的设立建设，展现了全面发展的美好蓝图，迎来了跨越发展的崭新机遇，激发了大干快上的勃勃生机。数量众多的工程项目的集中开工建设，使海南省成为工程建设的一方热土，也为海南省工程造价咨询行业发展和管理工作提升提供了难得机遇和全新挑战。

海南省陆地面积全国最小，又是全国最年轻的省份，建筑业发展起步晚底子薄，历史欠账多。随着我国建筑业转型升级步伐的不断加快，海南省现阶段工程造价管理工作面临着任务艰巨，困难繁杂，服务质量亟待提高，人才队伍建设急需加强，执业行为需进一步规范的现状。

基于面临的新机遇与新挑战，基于协会自身的职能定位与使命担当，做好新时期新形势下的海南工程造价管理工作，需要充分认清形势、抢抓机遇、转变观念、明确目标、明晰路径、不断创新与完善服务方式。海南省建设工程造价管理协会面对这些问题，认真组织政策学习和形势研判，适时调整和更新职能定位，不断加强自身建设和规范管理，以"服务赋能"为主要抓手和突破口，以"提供服务、反映诉求、规范行为"为服务宗旨，持续创新服务方式，为全省工程造价管理的改革与发展注入新能量，发挥了不可替代的桥梁和纽带作用。

二、成立协会党支部，提升协会凝聚力

在海南省民政厅和住建厅、标定站的指导下，协会组织会员单位的党员成立了海南省建设工程造价管理协会党支部，通过组织党员参加"不忘初心、牢记使命"主题教育系列活动，前往白沙解放纪念园瞻仰烈士陵园，深入乡镇看望慰问驻村扶贫干部，实地参观扶贫产业基地，开展义务劳动等系列活动，一方面促进了会员单位之间的交流和合作，提升了协会会员单位的凝聚力，另一方面通过慰问驻村扶贫干部和义务劳动，以多种方式支持脱贫攻坚和乡村振兴工作，进一步体现了海南省工程造价咨询企业的社会担当。

三、参与计价依据编制，协助开展宣贯工作

作为海南省行业主管部门和企业之间的桥梁，协会积极组织行业内专家入驻专家库，参与省内建设工程、人防工程计价依据编制工作，并协助

行业主管部门和工程造价管理机构开展《建设工程工程量清单计价规范》《海南省房屋建筑与装饰工程综合定额》《海南省防护密闭工程综合定额》等计价依据的宣贯工作，为提升工程造价咨询企业和从业人员的执业水平发挥积极作用。

四、深入企业倾听诉求，为企业排忧解难

为切实了解企业的困难和需求，更好地为企业提供咨询帮助，协会王禄修会长多次带领协会的专业技术人员赴造价咨询企业开展调研座谈，通过调研了解企业所需、企业所惑，深入基层为企业宣贯政策、排忧解难，解决工程实际中存在的计价方面的问题。同时组织会员单位相关人员赴各市县材料厂家对建设工程材料价格进行调研，了解预拌混凝土、钢筋、碎石、砂子、砖等主要材料价格以及建筑工地施工工人各工种人工单价等，让咨询企业准确掌握材料价格的变化情况，提高工程造价编审成果的准确性。

五、开展从业人员培训，提升编审技能

为解决海南省建设工程造价从业人员理论知识薄弱，继续教育缺乏的问题，2011-2015年期间，协会组织开展了多次造价员考前培训及继续教育培训工作，参训人员达7000多人次。通过培训一方面提高了全省造价员职业资格证的过关率，另一方面提升了造价从业人员对行业政策的理解和计价编审的技能，提高了成果文件的质量。

六、举办造价技能大赛，促进技术进步

2019年10月协会在海南省标定站的指导下举办了海南省首届工程造价专业技能大赛，省内外多家企业组队参加了比赛，通过技能大赛为企业

搭建了技术交流与展示的平台，促进了行业企业之间的业务交流，加强了信息资源积累，为工程造价人员营造了学习知识、钻研技术、争当技术能手的氛围。

七、发挥行业自律作用，规范企业执业行为

协会认真贯彻落实国务院、住房和城乡建设部关于社会信用体系建设的工作部署，加强信用监管，完善工程造价咨询企业信用体系建设，规范工程造价咨询行业执业行为，发挥协会行业自律作用，引导会员遵守职业准则，避免恶意低价竞争，推动工程造价咨询企业依法依规开展工程造价咨询活动，促进工程造价咨询行业健康发展。

新时期新形势下，海南省造价管理协会将始终不忘初心，践行使命，认真贯彻执行党的十九届五中全会和海南省委七届七次全会精神，秉承公平、公正的原则，维护会员的合法权益，规范工程造价咨询行业执业行为，引导会员遵守职业准则，推动海南省工程造价行业诚信建设，在推进海南自由贸易港建设中进一步发挥政府和企业之间的桥梁、纽带作用，为海南工程造价咨询行业发展努力做出新的更大贡献。

三十载兼程，携手地方协会共同创新发展

□ 白显文

　　30载兼程、携手共进，30载创新、共同发展。在纪念中国建设工程造价管理协会成立30周年之际，回顾其改革和创新发展的历程。这是一段深化改革，携手地方协会共同创新发展的历程，是坚持改革、推进地方协会健康发展的历程，也是立足改革、引领地方协会走可持续发展道路的历程。挚谢致敬中国建设工程造价管理协会在这30年里携手地方协会共同推进工程造价行业改革发展，共同致力于行业社会组织健康成长。

　　回顾这30年，协会为政府主管部门、为工程造价行业、为全体会员做出了大量工作，充分发挥了桥梁纽带作用，积极参与政府主管部门的政策、法规研究、国家标准、行业标准的制订；发布工程造价行业职业道德准则，会员惩戒办法等行规行约；建立工程造价行业自律机制；开展行业信用评价，推动工程造价行业诚信体系建设；进行行业调查研究、分析行业动态、发布行业发展报告；开展行业人才培训、业务交流、组织企业开放日活动、推介先进管理方法经验；制定和发布企业服务清单；开展法律咨询与援助、行业党建和精神文明建设；主办《工程造价管理》期刊、网站、宣传党和国家政府的方针政策、法律法规；编制开展工程造价专业技术人员职业继续教育及专业技术考试教材、提升培养专业技术人才；为会员提供工程造价信息；组建专家委员会、工程造价纠纷调解委员会，建立工程造价纠纷调解机制，化解经济纠纷和社会矛盾，维护建筑市场秩序；开展国际交流与合作等，推进了造价行业持续健康发展，充分发挥了行业

协会职能作用。

30年来，追寻中价协前进发展的足迹，作为地方协会的青海省建设工程造价管理协会（以下简称"青价协"）收益颇丰。青价协成立于2007年12月。从成立之时至今日，在中价协的指导与支持下，青价协从建章立制到规范管理、从行业自律到会员服务、从发挥协会职责到创新服务等方面全方位发展。

青价协地处青藏高原，条件艰苦，经济基础薄弱，造价咨询企业整体规模小数量少，协会从成立之初仅有45家单位会员，个人会员为零，时至今日单位会员已上升至71家。个人会员达到500人。青价协在学习借鉴中日益成长。从中价协印发的《关于充分发挥工程造价行业协会在工程造价咨询行业管理中作用的意见》到《工程造价咨询企业信用评价管理办法》及《工程造价咨询企业信用评价标准》；从《建设工程造价咨询成果文件质量标准》到《工程造价咨询企业服务清单》；《行业自律公约》。青价协在学习中实践，实践中提高。定期组织会员参加行业政策、法律、法规、条例宣贯培训，发布本省《行业自律公约》《造价工程师、造价员自律管理办法》《造价行业专家委员会管理办法》。组建专家委员会、纠纷调解委员会并成立专家服务小组，不定期地深入会员企业开发服务指导工作，了解和收集会员的需要和诉求，把以往

2005年，PAQS第九届年会，时任建设部副部长黄卫接见外宾

对企业的检查变为服务指导，以服务为主列为协会常态化工作。成立纠纷调解小组，建立纠纷调解机制，在推动和落实企业信用评价工作和个人自律工作中，要求企业向社会公布"诚信承诺书""咨询服务收费标准"明码公示，并将此项工作作为评比先进的条件。在提升行业及从业人员的社会公信力同时，为促进行业健康有序发展奠定基础。

十几年间青价协每年参加中价协召开的"全国秘书长联席会议"活动

为各省协会提供了一个相互学习、相互交流、共同提高的机遇与平台。中价协的引导与支持，推动了地方协会积极开展各项工作。引领和拓展了地方协会内在的动力和活力。推进了地方协会依法依规完善运行机制和管理体制建设，加深加强了协会"依法自治、服务为本、治理规范、行业自律、创新发展"的理念和运行管理机制，使协会取得了行稳致远的进步和发展。

中价协开展"企业开放日"活动，增进了企业之间交流、学习的机会，为企业发展搭建和创造了学习借鉴先进经验的平台，拓展了企业家在管理经验工作上的视野和思路，促进了青海本土工程造价咨询企业管理能力和技术水平的极大提升。

30年来中价协在积极参与工程造价改革，凝聚智慧，创新引领地方协会参与工程造价领域的政策研究和行业标准体系建设。从《建设项目施工图预算编审规程》到《建设项目全过程造价咨询规程》，至今已经编制和发布行业规程规范标准十几项，参与部委多项国家标准和定额编制。在开展科技信息建设，倡导科学管理，推进新技术的交流与传播上举办各种类型宣传贯彻培训，开展造价专业技术交流，举办先进经验交流座谈，成功案例分享等，促进了各省工程造价行业的进步与发展。青价协每年都选派多名工程造价行业企业负责人、技术骨干参加学习与交流。通过"走出去"学习交流带动本土工程造价企业提升管理能力和技术水平。

近几年青价协采取"请进来"的方式，联合软件科研机构、高等院校、国内著名专家、中价协专家委员会专家、优秀企业管理者，莅临青海省传授和解读工程造价行业的新理念、新技术等，开办大型规程、规范、标准及技术应用宣贯会及技术应用培训班。同时通过中价协举办的各种培训班，选拔本省优秀骨干专家参加学习并回到本省培训本土技术骨干。十几年来青价协围绕政策、法规、规程、规范、工程造价企业转型升级、新技术变革推广，每年举行二至三次大型培训，上百家工程造价企业和几千名骨干技术人员接受学习，特别是BIM技术的推广和应用。从2015年起至2018年多次邀请专家为会员企业传授全过程工程管理，在不断推广培训下会员单位率先组建了本土企业第一家BIM技术中心。在经验推广会上青价协借此给予大力宣传和表彰并加大推广力度,可望推动更多工程造价企业加入转型升级的行列。青价协将培训工作与企业发展相结合。针对高端造价管理人才和技术人才缺乏,造价咨询业务市场总量少,工程造价咨询企业规模小的特点,在加大企业管理人才和专业技术人才培养力度的同时,积极倡导和引领小微企业实行股份制,鼓励企业走"小而专、小而精"及合并重组的发展路径。培育行业内领军型企业,宣传提升行业内品牌效应,根据政府提供的政策保障,推动中小微企业在变革中发展壮大,提高中小微企业在新的市场环境下的生存能力、竞争能力。

30年来,中价协秉承以"服务政府、服务企业、服务会员"为宗旨,从发布《中国建设工程造价管理协会会员管理办法》到制定《中国工程造价咨询行业发展报告》,编制各种规程、规范、标准,进行广泛的宣传贯

彻多渠道、全方位地构建了服务体系,而且还在不断地推出新的服务方式,使地方协会充分深刻地认识到服务会员是协会生存和发展的根基。青价协在其引领下不断探索研究为会员服务的方式和新的服务点,牢固树立为会员服务的理念,努力提升服务质量,尝试多样化、深层次的服务方式,把常规的为会员服务坚持做好,并形成标准化、日常化,同时拓展和发现新的服务项目,如:专家小组在深入企业指导服务时,收集到会员呼

声和诉求最大的一项工作——二级造价师考注工作，在本省暂无计划安排下，协会主动积极协调相关部门，主动承担了《青海省二级造价师考试教材》的编写工作，推进了青海省二级造价师考注工作的进行。维护了工程造价行业几千名从业者和近几年上千名本土院校毕业生的权益。协会组织会员开展丰富多彩的活动，利用大型庆典和节假日前期，开展工程造价行业专业知识竞赛和技能比武，政策、党建知识问答比赛的活动。以"弘扬爱国主义精神，精益求精的工匠精神，自律信用的执业精神"为主题提升行业从业人员的思想素养和职业能力。通过表彰宣传先进企业及优秀技术人才，提升向社会推介的力度、提升行业和人才的社会影响及知名度。同时也扩大了协会在行业中的影响力及凝聚力。

三十载携手前进、锐意进取、创新发展，筑起了工程造价行业蓬勃发展的根基，推动了行业协会成长和发展内在活力。展望未来，在中价协指导和支持下，青价协将坚持求真务实的工作作风，开拓进取的改革精神，提高政治站位，强化社会组织责任担当，勇于创新、依法自治，反映会员需要与诉求，服务政府、服务行业、服务会员，继续发挥桥梁与纽带作用，树立真诚务实的服务理念，增强会员的凝聚力、向心力，助力工程造价行业转型升级和持续健康发展。

（作者单位：青海省建设工程造价管理协会）

铁路工程造价标准三十年发展回顾

□ 金　强

　　三十年来，随着我国市场经济的不断完善，已逐步建立了基础扎实、结构完整、科学合理的铁路工程造价标准体系，并始终坚持按照不同历史时期国家宏观经济政策、社会发展、科技进步和铁路基本建设指导方针的要求不断完善，以充分反映铁路建设的时代特征。铁路工程造价标准作为行业性全国统一标准，包括办法规则、专业定额、费用定额和价格信息，是铁路标准化的重要组成部分，是国家对铁路工程建设项目进行宏观决策和投资控制的重要基础，是编制铁路工程建设项目投资（预）估算和设计概（预）算的重要依据。文章回顾了自20世纪90年代以来铁路工程造价标准体系的发展情况。

2005年，建设部领导接见PAQS第九届年会代表

一、标准体系的建立

　　1991–2000年期间，为适应宏观政策和市场经济发展变化的需要，建立了集中管理、统一编制与分散编制相结合的造价管理机制，实现了以招标投标制度为基础的设计概算费用组成调整，逐步探索构建具有中

国特色的铁路工程造价标准体系：一是办法规则，1997年分布《国家铁路基本建设工程设计概算编制办法补充规定》等16项标准，1998年发布《铁路基本建设工程设计概算编制办法》，实现对办法规则的全面修订。二是专业定额，1991-1999年，先后完成13册《铁路工程预算定额》、12册《铁路工程概算定额》、7册《铁路工程概算指标》、1册《铁路工程建设估算指标》的编制，完成对专业定额的第二轮系统修订。三是费用定额，1992年修订完成《铁路工程施工机械台班费用定额（1992年度）》；1996年修订完成《铁路工程建设材料预算价格（1995年度）》；1997年修订完成《铁路工程机械台班费用定额（1995年度）》。四是价格信息，发布年度材料价差系数。

1991-2000年，共修订发布造价标准及相关文件63项，共为约0.4万亿元铁路建设投资的合理确定提供重要依据，为1.1万公里线路建设和路网完善提供重要标准支撑。

二、标准体系的发展

2001-2010年期间，随着改革发展的不断推进、投资控制力度的不断加大，以及青藏铁路等重大铁路建设项目的实施，建立了编制办法相对稳定、工程定额动态管理、价格信息及时发布、前期后期有机衔接的造价标准管理机制，铁路工程造价标准体系得到进一步发展：一是办法规则，2002年发布《地方铁路基本建设工程设计概算编制办法》；2003年发布《关于对铁路工程定额和费用进行调整的通知》；结合青藏线开工建设需要，先后发布11项费用标准；2006年发布《铁路基本建设工程设计概（预）算编制办法》；2007-2008年，发布《关于调整铁路工程建设单位管理费标准的通知》等6项造价标准。2008年，发布《铁路工程工程量清单计价指南》，推动了铁路工程清单计价工作。二是专业定额，2002-2007年，先后发布13册《铁路工程预算定额》和《铁路工程概算定额》（第五册通信工程），完成专业定额的第三轮系统修订。2010年，发布13个专业的《铁路工程预算定额》《铁路工程概算定额》，以及《高速铁路路基桥梁隧道无砟轨道工程补充定额》《铁路工程概预算工程量计算规则》《铁路工程混凝土、砂浆配合比用料表》，完成专业定额的第四轮系统修订。三是费用定额，2001年发布《铁路工程建设材料预算价格（2001年度）》；2005年发布《铁路工程建设材料预算价格（2005年度）》《铁路工程施工机械台班费用定额（2005年度）》。四是价格信息，2001-2006年，发布年度材料价差系数。自2007年第四季度，按季度发布价差系数和《铁路工程建设主要材料价格信息》。

2001-2010年，共修订发布造价标准及相关文件98项，共为约2.3万亿元铁路建设投资的合理确定提供重要依据，为2.1万公里（高铁0.5万公里）线路建设和路网完善提供重要标准支撑。

铁路通信、信号、电力、电力牵引供电工程预算定额获2010年中国建设工程造价协会优秀成果二等奖。

三、标准体系的完善

2011-2020年期间，2013年，铁路工程造价标准行业管理职能划归国家铁路局主管，首次实现了编制办法、预算定额、费用定额三类造价标准同步修订、同时发布、同期实施，建立了编制办法相对稳定、费用定额

2005年，中央电视台采访PAQS第九届年会组委会副主席、时任建设部标准定额司司长陈重

动态管理的管理机制，铁路工程造价标准体系得到进一步完善：一是办法规则，2017年发布《铁路基本建设工程设计概（预）算编制办法》（国铁科法〔2017〕30号文）。2020年发布《铁路工程工程量清单规范》。二是工程定额，2017年发布13个专业《铁路工程预算定额》及《铁路工程基本定额》；2018年发布13个专业《铁路工程概算定额》；2019年发布8个专业《铁路工程估算定额》，完成专业定额的第五轮系统修订。2018-

2019年发布2册《铁路工程补充预算定额》。三是费用定额，2017年发布《铁路基本建设工程设计概（预）算费用定额》《铁路工程材料基期价格》《铁路工程施工机具台班费费用定额》。四是价格信息，按季度发布《铁路工程建设主要材料价格信息》。

2011-2020年，共修订发布78项造价标准，截至2019年底共为约5.2万亿元铁路建设投资的合理确定提供重要依据，为5.1万公里（高铁2.8万公里）线路建设和路网完善提供重要标准支撑。

2017年发布的全套铁路工程设计概预算造价标准，获得2018年度中国铁道学会科学技术二等奖。

四、标准体系的展望

30年来，铁路工程造价标准历经了建立、发展和完善三个阶段，共计发布了239项造价标准，已经构建了内容全面、结构合理、整体性强的铁路工程造价标准体系，建立了铁路工程造价标准的动态管理机制，实现了铁路工程造价标准与铁路建设市场的有效衔接。30年来，铁路工程造价标准共计为近7.8万亿元铁路建设投资的合理确定和有效控制提供重要依据，为近8.3万公里（其中高铁3.3万公里）铁路网的构建和完善提供重要标准支撑。

展望未来，铁路工程造价标准管理工作需做到：

1.造价标准的内涵应紧跟国家大政方针的步伐

铁路工程造价标准管理工作始终坚持贯彻落实国家工程建设、安全生产、社会保障、税制改革等政策法规，服务国家重大战略决策部署，强化质量安全、技术进步、绿色环保等要求，充分反映不同时期铁路建设和社会发展的需要。

2.造价标准的制定应紧跟建设标准的发展步伐

铁路工程造价标准作为铁路工程标准体系的重要组成部分，与建设标准协调配合、相辅相成。造价标准编制过程中充分考虑设计规范、施工质量验收标准等铁路建设的新标准、新要求，构造与建设标准相匹配的施工组织模型，实现铁路工程造价标准与建设标准的有机结合。

3.造价标准的水平应紧跟施工水平的前进步伐

铁路建设尤其是高速铁路建设的高速发展，铁路施工建造技术水平大幅提升，为适应新技术、新工艺、新材料和新设备的推广应用，造价标准管理始终坚持以现场定额测定为基础，不断修订完善造价标准的施工组织模型，合理调整定额的工料机消耗量和费用标准，持续补充现场亟需的工程定额和费用标准，充分反映各阶段铁路施工建造的技术水平。

4.造价标准的表现应紧跟建设市场的需求步伐

铁路工程建设的市场化改革不断深入，铁路建设投资模式更趋多元化，铁路工程造价标准管理紧跟市场决定资源配置的改革步伐，不断转变工作思路，充分利用云计算、大数据等信息技术，加快铁路工程造价管理模式转型，通过提供科学优质的咨询服务以满足铁路建设市场的需求，实现铁路工程造价标准与铁路建设市场的有效衔接。

（作者单位：中国建设工程造价管理协会铁路工作委员会）

2005年，英国皇家特许测量师学会（RICS）主席来访

进入新时代，林业和草原工程造价
面临的机遇与挑战

□ 杨晓春　杨冬雪　吴晓妹　李秋祥

时光荏苒，历史的车轮滚滚，来到了注定不平凡的2020年。

不经意回眸间，我们国家林业和草原局工程质量监督和造价管理总站（以下简称"林业造价站"）也走过了25个春秋。作为中价协家庭的一员，承担着林业工作委员会业务职责及全国林业和草原行业建设工程质量监督和造价管理工作任务的林业造价站，与中价协相伴相生，一路随行，不断发展壮大。

一、筚路蓝缕，弦歌不辍

在计划经济时代，由于没有建设工程造价管理专业协会机构，林草行业基本建设项目采取着比较粗放的管理模式运行。由于当时国家赋予林业的主要任务就是以木材大生产为中心，因此，"粗、乱、差"的管理状况在林业行业体现得尤为突出。

作为负责全国林业行业工程质量监督和造价管理的专业机构，成立之初，一切都要从零开始。在中国建设工程造价管理协会和林业行业主管部门的领导下，林业造价站从计价体系改革、标准体系建设等方面入手，及时将国家有关法律法规和行业主管部门及协会的相关政策、标准、规程、规范宣传落实到位。与此同时，与国内其他行业同步，组织从事林业建设的专业技术人员分期分批进行培训，并按照不同专业注册标准和条件，为相关人员提供专业管理服务。

经过二十多年努力，林业造价站在行业协会和主管部门的领导和支持下，已将林草行业实施的所有建设项目全部纳入工程造价管理，目前已基本形成行业主管、地方业务主管和中介机构参与的现代工程造价管理模式。

二、服务林业，成绩斐然

历史上生态环境的破坏给我国经济建设造成严重经济损失，人们生活环境受到极大影响，国家对林业建设和发展的重要性越来越重视，先后出台了《中华人民共和国森林法（试行）》（1979年）、《关于修改〈中华人民共和国森林法〉的决定》（1985年）、中共中央、国务院作出《关于加快林业发展的决定》（2003年）等政策法规，这些法律法规政策的出台，逐步

形成并确立了21世纪林业以生态建设为主的指导思想、基本方针、战略目标和战略重点。

自1998年下半年开始，国家开始从政策上和资金上给予林业较大的倾斜和支持。经国务院批准，林业部门先后实施了天然林资源保护工程、退耕还林工程、"三北"及长江中下游等重点防护林体系建设工程、京津风沙源治理工程、野生动植物保护及自然保护区建设工程、重点地区速生

丰产用材林基地建设工程等六大林业重点工程规划，并将其列入"十五"计划。

进入新时代以来，随着国家对林业生态环境的日渐重视及对林业和草原基本建设资金投入的加大，林业造价站每年审查的项目在数量、项目类型以及项目评审专家队伍建设等各方面，都取得了长足进步。近几年，林业造价站每年审查的项目数量，从最初的十几个发展到如今四百余个；项目类型从单一的土建工程项目，拓展到涵盖森林和草原防火、自然保护区建设、林业科技、湿地、林木种苗、林（草）业有害生物防控、重点国有林区公益性基础设施建设、国家公园（含虎豹公园）等多个领域；参与项目审查专家的专业方向由原来的十余个发展到现在的近60个。

林业造价站自成立以来，主要取得以下工作业绩。

1.项目评审方面

（1）完成林业和草原各类基本建设工程项目审查工作共计5000余个，审查项目投资总额累计约1200亿元，按照国家、行业有关规定和建设标准，核减项目中不合理、不必要建设投资累计约50亿元，为国家节约了大量宝贵资金。

（2）参与项目竣工验收和后评价工作200余项，对已建成项目给出客观公正评价结论的同时，了解、收集到项目实施建设的相关数据，为国家加强对林业和草原基本建设工程的投资管理提供了参考依据。

（3）组织林业重大建设项目和直属单位及森工非经营性基础设施建设项目的前期评审论证工作数十项。

（4）建立了林业和草原建设工程专家数据库，专家库现有专家500余人，涉及50余个专业，为林业和草原建设项目提供了更加完善的技术支撑和保障。

2.相关政策法规方面

（1）政策法规类：编制并出版《林业工程建设管理法律法规与规章汇编》；参与编制《林业建设工程招标投标管理办法》；参与编制《林业工程建设项目后评价管理暂行办法》；参与编制《林业建设项目竣工验收办

法（试行）》；参与编制《林业建设项目经济评价方法与参数》。

（2）标准规范类：编制并出版《全国重点林业省工程造价估算指标》；参与编制《枇杷丰产栽培技术规程》；参与编制《建设工程工程量清单计价规范》GB 50500。

（3）造价信息方面：每年编制并印刷《林业建设工程造价信息》2册（上、下半年各1册），为林业建设工程的决策、实施、评价提供大量的基础信息；每年编制《林业和草原基本建设项目工程造价审查投资估算指标》，指导项目审查、规范对政策的统一理解、统一价格估算尺度，从而保证对各类项目审查结果的科学严肃性和客观公正性。

（4）参与政策修订方面：《林业和草原固定资产投资建设项目管理办法》；《林业和草原政府投资项目可行性研究报告编制规定》；《林业和草原政府投资项目初步设计编制规定》；《林业和草原政府投资项目可行性研究报告审查规定》；《林业和草原政府投资项目初步设计审查规定》；《林业和草原政府投资项目竣工验收实施细则》；《全国森林和草原火灾风险普查实施方案》；《森林可燃物标准地调查技术规程》；《森林可燃物大样地调查技术规程》；《森林和草原野外火源调查技术规程》。

三、栉风沐雨，砥砺前行

进入新时代以来，2012年，党的十八大首次把"美丽中国"作为生态文明建设的宏伟目标，把生态文明建设摆上了中国特色社会主义五位一体总体布局的战略位置。十八大提出的"绿水青山就是金山银山"的理论是对林业发展提出的新思想、新观点、新论断，更是为林业产业的发展指明了方向。2017年，党的十九大又提出，加快生态文明体制改革，建设美丽中国。这是党中央在中国特色社会主义进入新时代作出的重大部署，吹响了新时代生态文明建设号角，林业和草原工程造价咨询行业迎来了前所未有的发展机遇。

2020年10月，党的十九届五中全会，明确了"十四五"规划重点内容和2035年的远景目标。全会提出，推动绿色发展，促进人与自然和谐共生。坚持绿水青山就是金山银山理念，坚持尊重自然、顺应自然、保护自然，坚持节约优先、保护优先、自然恢复为主，守住自然生态安全边界。深入实施可持续发展战略，完善生态文明领域统筹协调机制，构建生态文明体系，促进人与自然和谐共生的现代化。这为我国未来5年、15年林业产业发展指明了方向，提供了遵循。

"雄关漫道真如铁，而今迈步从头越"。如今的中国建设工程造价管理协会正迎来一个新的历史时代，21世纪的今天，机遇与挑战并存，中价协的明天，攻坚克难，必将再创辉煌。

（作者单位：中国建设工程造价管理协会林业工作委员会）

化学工业工程造价服务管理实践与探索

□ 中国石油和化工勘察设计协会工程造价管理委员会

中国石油和化工勘察设计协会工程造价管理委员会（以下简称"化工造价委"）是中国建设工程造价管理协会专业委员会之一，多年来，在中价协的指导下，积极参与国家工程造价管理与改革，深入开展化学工业工程造价服务管理实践与探索，认真履行国家化学工业工程造价计价依据行政管理职责，有成效，有体会，回顾和总结所走过的不平凡道路，深有感触。今就化学工业工程造价服务管理实践与探索的感受和体会，与同行交流，以纪念中国建设工程造价管理协会成立30周年。

一、化学工业工程造价服务管理主要成就

1998年，国务院机构改革中，经中国建设工程造价管理协会同意，原属化学工业部的化学工业工程造价计价依据行政管理职能，转移到中价协化工委，自此，在协会领导和支持下，化学工业工程造价服务管理在原来的基础上，走出了一条持续健康发展之路，取得了新的服务管理体制和模式下的新成就。

1.重视自身建设，建立和完善化学工业工程造价服务管理体制和机制

为认真履行机构改革时转移的化学工业工程计价依据行政管理职能，化工造价委及时整合原全国化工工程造价定额站、全国化工合同预算技术中心站职能，在会员单位的支持下，组建了化学工业工程造价管理总站（以下简称"总站"），分专业建立了以骨干企业和机构为依托的21家分站，配备了专业人员，实现了化学工业工程计价依据专业化管理；组建了化工造价委专家委员会，设立了若干专门委员会，开展计价依据管理、专业培训和咨询服务、工程造价纠纷调解业务；推动组建并积极支持化工造价咨询企业协作联合会开展工作；建立了工作职责和制度，形成了机构改革后化学工业工程计价依据服务管理体制机制，保持了化学工业工程计价依据国家管理职能的连续性。

2.化学工程造价计价依据修编与应用成果丰硕

化工造价委于2003、2015年两次修编出版了《化工建设概算定额》《化工建设安装工程费用定额》，修订了《化工建设概算编制办法》。2015年版概算定额子目达到4956个，与2003年版比，增加了2229个。为贯彻国家建筑业营改增政策，及时调整了《化工建设安装工程费用定额》取费指标和方式，举办了专门业务培训，满足了工程计价需要。

于2012、2018年两度修编出版了《化工建筑安装工程预算定额》，2018年版化工建筑安装工程预算定额子目达到16536个，和2012年版比，增加了5928个；保留了历史形成的橡胶、医药专业，对数据进行了重大更新，增加了大型吊装机械台班参考价格；及时衔接了最新版国家定额，合理吸收了化学工程建设实践中的新设备、新材料、新技术、新方法；新版定额在计价应用中，起到了重要的补充和借鉴作用，有效弥补了现有定额子目与选择中的缺项。

3.积极承担并完成了国家定额修编任务

2015、2018年，化工造价委两次组织完成了国家建设主管部门下达的《通用安装工程消耗量定额》第六册《自动化控制仪表安装工程》、第十二册《防腐、绝热工程》修编任务，化学工程建设骨干单位、上百名化

学工程造价专家参加了修编工作，有效保证了定额修编质量。

4.积极参与国家工程造价改革与发展

多年来，化工造价委积极参加国家工程造价改革与发展工作，就国家建设工程定额体系、工程量清单规范体系、建设工程工程量清单计价规范、全国建设工程造价员和工程造价咨询企业管理办法、进一步推进工程造价管理改革的意见、工程造价咨询企业信用建设和评价体系、造价咨询合同示范文本、国家工程鉴定规范和结算编审规范、工程价款结算暂行办法、建设项目总投资费用组成等，提出了多方面、数百项修改意见和建议；向国家建设主管部门推荐工程造价咨询企业资质评审专家人选，向中价协推荐资深会员人选，这些意见和建议反映了工程造价改革的热点，提供了参考；专家和会员以自己的知识和经验为国家工程造价改革与发展作出了积极贡献。

5.发挥桥梁纽带作用

为了推动化学工程造价服务管理改革深化发展，化工造价委积极开展调查研究，先后向中价协和国家建设主管机构提交了《关于中价协化工委承担行业工程造价管理职能的报告》《关于定额体系的若干意见》《市场经济体制下工程造价计价依据服务管理的考虑》《关于建筑安装工程费用项目构成的意见和建议》等研究报告和建议，受到中价协的表彰。

6.重视工程造价专业人才培训工作

根据国家建设主管机构的规范和要求，化工造价委重视工程造价专业培训工作，积极推动化工造价专业人员队伍建设。在中价协领导下，本着工程造价专业人员资格考试和实际需要相结合的培训原则，积极开展专业培训和继续教育活动，2017年末，形成了近6000人的专业人员队伍，满足了化学工程造价服务与管理的需要。国家取消全国建设工程造价员资格后，化工造价委根据行业需求和委员单位迫切要求，及时制定了《关于化学工业工程造价专业人员培训的意见》和《化学工程造价专业人员培训管理办法》，组织编写了《化学工业工程造价基础知识》和《化学工业工程造价专业知识》，应企业和委员单位委托，举办以实际应用能力为目的的专业培训，保持了培训工作的连续性，满足了化学工程建设对造价专业应用和管理人员的需求。

7.研究新情况，解决新问题

"一带一路"倡议为石油和化学工程建设开辟了广阔的国际市场，引起了石油和化学工业工程建设界同仁广泛关注。根据业界同仁倡议，化工造价委牵头，会同石油天然气、石油化工、煤炭等领域化学工程造价同行，召开了互助合作为"一带一路"石油和化学工程建设市场提供工程造价服务座谈研讨会，就新时代石油和化学工程建设企业走出国门所涉及的工程计价依据、计价规则和方法如何与国际接轨，如何适应不同国家的文化、制度和环境，如何学习借鉴国际先进成果和方法，形成可以随时交流、解决问题的互助合作、利益共享、合作共赢的平台等共同关心的问题进行了卓有成效的座谈研讨，提出了加强交流和互助合作的意见和建议。

二、积极推进化学工业工程造价改革

今后化工造价委将推动化工造价改革与发展，化学工业工程造价行业可以有所作为，这也是今后一个时期化工造价委的努力方向。

1.不断完善化学工业工程造价服务管理体系

化工造价委将继续加强自身建设，在体制上、服务管理方式上、工作作风建设上，发挥行业组织的作用，强化服务基础，增强服务手段，满足服务需要，继续完善化学工业工程造价服务管理体系，明确责任，提出要求，落实责任，守土有则。

2.关注国家工程造价改革与发展方向及工作部署

加强信息收集与分析，及时了解和掌握化学工业工程造价改革发展中的新情况新问题，向国家建设主管部门和行业组织反映，提出意见和建议，寻求指导；一如既往地开展化学工程计价依据基础维护与建设，关注全国统一定额、行业定额、地方定额和企业定额的动态发展，学习借鉴国内外工程计价的科学方法和先进经验，不断增强化学工程计价基础的服务功能；积极探讨和实践建设工程工程量计价清单在化学工业工程计价中的应用，组织开发适应化学工业工程建设的工程量清单计价软件等产品，供市场主体选择和应用。

3.整合化学工业工程造价服务管理资源，形成合力

化工造价委作为主管协会的分支机构和行业协会的专业委员会，要借助全国行业组织提供的工作平台和条件，广泛联系化学工业工程建设行业组织、设计和施工企业、工程造价服务管理机构的专家学者，广集

英才，开阔视野，形成合力，面向基层，关注需求，就化学工业工程造价服务管理的重大问题开展研究，提出解决问题的意见和建议，形成科学决策的制度和方法，从专业服务和管理层面，为化学工业工程造价的改革与发展提供有效服务。

4.重视化学工业工程造价服务与管理专业队伍建设

做好化学工业工程造价服务管理工作，以人为本，建设一支有理想、

懂业务、会管理的工程造价专业人员队伍十分重要。着眼于化学工业工程造价新进展、新需求，研究新常态下开展工程造价专业人员队伍建设工作的新思路、新方法，制定工作目标和要求，重视师资队伍建设，编写适用的培训教材，从工程造价的源头做起，组织开展好培训工作，不断壮大石油和化学工业工程造价专业人员队伍，满足工程造价需求。

三、展望未来，砥砺前行

我国化学工程建设已经遍布于石油、天然气、石化、煤炭、轻工等工业部门和企业，国际化学工程建设市场也为工程建设企业展示了广阔的发展空间。新时代要有新作为，化学工程造价服务管理需要以新的理念、新的视野、新的技术、新的方法为化学工程建设提供良好的服务。展望未来，化工造价委将在中价协指导下，秉持初心，在化学工业工程造价领域砥砺前行，为化学工业工程建设作出积极的贡献。

乘风破浪正当时

基于社会主义市场经济条件下的
政府投资工程造价管理改革探索

□ 马　燕

一、引言

　　随着经济体制改革深化，市场经济的发展和建筑业的迅猛发展，数十年来，我国的工程造价定额管理也在随之不断变革。20世纪90年代初期以前，发承包双方一般以工程造价定额为依据约定浮动率（多为下浮率）订立合同、进行价款结算，约定的浮动率一般均在《中华人民共和国价格法》规定的政府指导价浮动幅度内，使工程造价定额实际起到政府指导价作用。20世纪90年代初期至21世纪初期，工程发承包试点招标投标制度，建筑市场竞争日益激烈，投标人普遍参考造价定额进行报价，浮动率范围逐渐突破政府指导价浮动幅度。而后，我国加入世界贸易组织，《中华人民共和国招标投标法》颁布施行，《建设工程工程量清单计价规范》颁布实施，我国工程造价定额改革逐步驶入市场形成价格的轨道。近十多年来，工程发承包由市场形成价格的改革举措不曾停步，但是随着全面深化改革的推进，建筑市场如何让市场在资源配置中起决定性作用，同时更好发挥政府作用的时代命题依然需要进一步回答。尤其当前一段时间以来，行业内外对工程造价定额管理的一些问题众说纷纭，甚至有"定额是市场经济要攻克的最后一个堡垒"的说法。在"两个一百年"历史交汇之际，文章试图探索回答工程造价管理改革到底要坚持和巩固什么，完善和发展什么。

二、问题分析

围绕以"市场形成价格"为核心的工程造价管理改革，政府颁布的定额巳明确仅作为编制投资估算、概算以及最高投标限价的依据，可以作为投标报价的参考。工程造价定额实行"量价分离"，仅发布人工、材料、施工机具台班消耗数量基准，由"价格定额"向"消耗量定额"转变；配套定额使用所发布的人工、材料、施工机具台班价格定位也逐步从"指导价"到"参考价"，再到如今的"信息价"，以使其对确定造价的作用越来越弱化；费用定额也由发布"单一值"向"区间值"转变。工程发承包价逐步由"控制量、指导价、竞争费"的定额计价模式向更加符合市场定价的工程量清单法计价模式转变。随着全面实施营业税改征增值税，工程造价的费用计算规则由营业税下的"价税合一"转变为适应增值税一般计税方法的"价税分离"。上述工程造价管理改革措施，在特定的历史背景下对社会主义市场经济发展起到了积极的促进和保障作用，但是随着全面深化改革的推进，工程造价管理面临的主要问题及原因分析如下。

1. 清单计价未能摆脱定额计价影响

传统定额计价，承包人计算定额工程量，套用相应工程定额和费用定额，采用政府发布的人工、材料、机械台班指导价、参考价、信息价，从而计算预算报价；工程结算时重新计算定额工程量并套用定额，属于"事后算总账"模式。清单计价，发包人计算并提供清单工程量，承包人自主确定清单项目单价并汇总计算总报价，自主确定单价并不要求以定额作为依据；工程结算时重新计算清单工程量，单价不予调整，属于"事前算细账"模式。自2000年版《建设工程工程量清单计价规范》实施以来，历经2008年和2013年两次修订，工程发承包计价形式上遵循清单计价模式，但实质上依然沿袭着定额计价的思想，大多投标报价依然依据政府定额在其上进行"加加减减"编制，清单计价并没有摆脱定额计价的影响。

形式上清单计价，实质上定额计价，有我国长期定额计价的历史原因。政府工程造价管理机构组织编制定额、发布定额、解释定额，发布各种费率和调整系数，为社会提供普遍性的公共服务。建筑市场各方主体对定额的认识、依赖以及思想意识，都远远跟不上市场经济的发展。此外，实质上的定额计价也有实践方面的原因，不区分清单计价的清单项目与定额子目的划分定位差异，导致清单项目划分与定额子目划分越来越趋于一致；不区分重要程度，全部或绝大部分清单项目要求提供综合单价分析，清单计价的表格范式基本沿用定额计价的表格，导致承包人为了满足这些表格只能选择在政府定额基础上"加加减减"。更有甚者，发包人提供的工程量清单明确以定额为编制依据，甚至要求承包人报价参考定额。

2.工程造价定额更新滞后

由于清单计价表格与定额计价表格范式的高度雷同性，市场各方主体高度依赖政府定额。承包人也因此缺乏系统编制企业定额的动力，企业定额或成本测算根据经验盯牢政府定额做系数调整，工程造价咨询企业也主要依赖定额来确定变更新增项目单价。因此，工程建设市场迟迟难以形成以企业成本测算为核心的价格确定机制。另一方面，科学技术水平和人民生活水平不断提高，新工艺、新材料、新技术等在我国建筑领域广泛应用，尤其是建筑产业现代化、建筑节能、绿色建筑迅猛发展，无法在政府发布的定额中及时体现，定额的更新速度根本无法跟上日新月异的变化。但定额需要保持相对的稳定性，大规模的定额修编和更新需要集中大量的人力、物力和财力，修编周期往往是以数年甚至数十年来计，不可能动辄修编。现行的工程造价定额管理机制缺乏弹性，未能做到修编、增补与时俱进。

3.定额编制方法与市场实际脱节

工程定额指在正常施工条件下完成规定计量单位的合格建筑安装工程所消耗的人工、材料、施工机具台班及相关费率等的数量基准。按要素划分为劳动定额、材料消耗定额和施工机具台班消耗定额，这三类定额互相依存形成一个整体，需要积累大量的样本进行分析统计。目前政府工程造价管理机构大多沿用过去长期采用的定额编制方法，测算方法基于施工单位直接组织人工、材料、施工机械完成工程施工的形式，定额人工消耗量脱胎于过去的劳动定额，定额中主要材料、机械台班消耗量依据技术标准和个别工程施工数据经过计算得到。但是，目前施工组织形式已经发生巨

大变化，施工单位绝大多数采用劳务分包、施工机械租赁等方式，工程定额中最重要的人工工日和机械台班两个"活劳动"要素，难以用传统的方法准确测算。

同时，由于没有高效便捷、信息量覆盖面广的工程造价管理信息系统，定额编制主要依靠手工计算，编制人员无法及时获取所需的成本信息，造

价管理部门往往通过对一些系数进行调整的方法进行弥补。甚至有时候由于消耗量不精准，通过基价、系数或者人为经验来调整，来使得整体造价水平可靠。这样的编制方法长期存在一直沿用至今，在过去建筑行业渐进发展的背景下，确实有其简便易行、操作性强、调整反映快的好处，发挥了积极的作用。但是在科技迅猛发展的当今，再沿用老办法势必与工程实际和市场造成较大的脱节，让定额被市场主体各方所诟病。

4.对政府工程和非政府工程未分类对待

政府定额管理是普遍化的，对不同的工程没有任何差别。政府投资的工程计价按照定额计价模式，非政府投资的工程参考政府工程，事实上很多也用定额计价。即使采用工程量清单计价，在清单单价分析上仍然沿用

定额的思维模式，使得社会上所有工程都依赖过去的定额体系。而概预算定额事实上对政府投资工程起投资控制作用，不是交易作用，也即在立项和方案设计、初步设计环节测算工程投资大概要花费多少费用，让建设单位（政府）能更好安排和使用资金，并不是在交易环节给各承包企业投标作为竞争依据。因此，定额管理要区分政府工程和非政府工程，让定额的作用在政府工程安排资金时发挥控制作用，在交易阶段和在非政府投资工程中完全由市场经济充分发挥作用。

5. 对工程变更和履约管理弱化

社会投资的工程，业主非常明确，即建设单位责、权、利清晰。而探讨政府工程的业主，其实施部门是名义上的建设单位，但事实上它只能代表业主的部分利益。政府是个抽象的概念，政府的不同相关管理部门都执行了业主的部分权益，也承担了各自的责任，有的作为业主的政府管理部门，有的作为监督制约业主的政府管理部门。

那么，政府投资工程的财务管理以及如何管理，则根据不同的管理部门在工程实施的不同阶段有不同的管理流程、管理方式和管理目标来确定。立项部门负责项目的可行性、经济效益以及资金安排，需要工程估算；方案审批部门负责设计方案和初步设计审批，需要工程概算；招标投标监管部门负责公平竞争，通过市场竞争，选择价优质高的队伍，产生中标价；财政和审计部门管资金的拨付和对资金使用的审计，需要结算价和决算价，财政部门的目标是符合资金预算管理，审计部门的目标合规使用资金；政府造价管理部门负责发布估算、概算、预算定额和费率标准。各环节中，各司其职。总体而言，政府重决策预算管理，轻价格变更管理；重编制发布定额，轻合同履约管理。

6. 政府造价管理部门的定位不够清晰

随着市场经济的发展，通过市场竞争来确定价格，似乎政府发布的定额可以不需要了。事实上，定额管理工作仍然非常重要。政府造价管理部门的职责类似大业主采购工程的技术经济部门、合约管理部门和成本测算部门，是政府工程的一把统一尺子。在市场经济条件下，政府造价管理部门的定位应该被重新审视。

政府造价管理部门一方面对全社会的建设工程，通过制订市场统一的建设工程工程量清单项目设置规则、计量规则、计价方法，达到规范计价行为的目的；另一方面应该积累大量的政府工程数据，为政府各管理部门提供政府定额，为政府业主控制投资服务。

三、改革思路

通过对上述问题的分析，对政府造价管理工作进行一些反思，提出改革总体思路：适应市场经济发展和行业转型发展，以"统一计价规则、实施分类管理、转变职责定位、聚焦政府工程"为原则，政府造价管理部门调整清单计价的模式，跳出原有的定额计价体系，为社会提供计价依据和标准的指导和服务。通过信息化手段和设立政府工程监测点收集政府工程数据和资料，为政府工程造价实施精准管理。

2006年，国际造价工程联合会（ICEC）秘书长来访

政府造价管理部门今后主要职责是管好政府工程经济活动，主要实施路径如下。

1.建立政府工程价格库

建立政府工程采购数据中心，统一估算、概算、预算、结算等工程各环节的造价数据标准，依据统一的公共工程细目编码规则建立工程价格数据库，并要求所有政府工程的预算价、中标价及竣工结算价必须按编码规则录入数据库。同时，建立人工、材料、机械价格的大数据中心，通过网络和工程实例积累大量价格信息、资料。积累大量政府工程和市场数据，供今后政府工程编制预算价参考。

目前上海市已经出台发布了《建设工程造价数据标准（上海市工程建设规范）》为建立统一的政府工程采购价格库打下了坚实的基础，迈出了第一步。

2.设立政府工程现场工料监测点

在清单计价模式下，不能再单纯地依赖过去"计算加经验"的方式编制预算定额。要在政府工程现场设立工料监测点，可以在招标投标环节抽取一定比例的工程，明确其为政府工程工料监测点，并在合同条款中予以明确；也可以立法规定所有政府工程的业主和施工方有义务提供部分分部分项工程的监测数据。政府造价管理部门要做的工作：一是统一性。统一现场测量方法、统一测量数据基准，明确监测的深度、精度。现场采集方法要合理、简便，确保真实。二是专业性。要设计专业分析的流程，依靠现场投资监理、造价咨询等专业机构把非正常因素剔除，进行分类分析处理。专业分析要可靠、有效。三是及时性。要创新过去预算定额耗时耗力的编制发布模式，政府工程消耗量发布方式要创新、及时、系统。四是可行性。设计一套监测点设立、监测数据收集、加工、处理、汇总、发布等各环节和流程的管理制度，明确建设单位、施工单位、造价咨询机构的各自职责和义务。制度设计要有可行性、操作性、长效性。

上海市目前已经在3个项目中开展了定额动态监测试点。在数据采集的流程、专业加工和信息系统的开发等方面积累了有益的经验，实施了有效的探索。

3.完善工程量清单计价规则

工程量清单计价要彻底摆脱定额计价的思维和模式。定额子目划分以精准确定消耗测量为原则，而清单项目划分应以便于交易双方计量、明晰交易界面为原则，建立两者独立的项目划分体系。分部分项工程量清单项目（实体项目）与措施项目计价规则不同的"二元"规则，统一规范为"单价"项目和"总额"项目。清单计价要摆脱定额计价以单位工程为对象编制清单的模式，转变为以合同工程为编制对象，合并不同单位工程间项目特征相同的清单项目。清单计价要大量减少需要综合单价分析的项目，综合单价分析表范式应与财务成本核算科目贯通，既便于承包人能根据其企业成本便捷报价，也便于依据企业成本数据确定新增变更项目价格。

4.管住政府工程合同履约

要严格监管政府工程的合同履约行为，政府造价管理部门要从过去管最高投标限价编制，转变到严格价格变更管理，从过去以管招标投标流程为主，到转变到加强对中标承诺与合同履约的监管。

要建立对中标人的履约评价机制，最终形成政府投资工程承包商、材料供应商的信用评价体系，对于失信行为要建立惩戒机制，诚信信息在所有政府工程中共享。后续政府投资工程的招标可将信用评价作为对投标人的资格审查条件，使得履约差的企业无法再承接政府投资工程。通过优胜劣汰的机制引导投标人更关注工程和材料的品质，使招标投标交易市场呈现优胜劣汰、良性循环的局面。

2007年，建设部领导与第四届理事会部分成员合影

5.厘清政府各部门在政府工程建设中的角色定位

工程项目全过程造价管理涵盖了从项目的立项决策阶段开始，到设计阶段、施工阶段、竣工验收及项目建成后的使用阶段进行全过程的造价管理，这样才能达到工程建设投资效益最优化。政府各部门在政府工程建设中承担了不同的角色，有的是宏观经济调控和投资决策管理部门、有的是资金管理部门、有的是政府行业主管部门、有的是政府工程实施部门（也即建设单位），有的是政府行政监督部门，而工程造价管理部门应当为各相关政府管理部门提供成本测算的标准和依据，成为政府工程的技术经济管理部门或成本测算部门。

通过政府部门职能的调整和协同，形成各部门从不同角度加强对建设单位预算编制、工程招标投标、合同履约、竣工结算及项目评价全过程的协同监管机制。

四、结语

对于工程造价定额的存废之争，既要坚持和巩固估算指标、概算定额、预算定额在投资估算、概算以及最高投标限价等控制阶段的作用，同时要尽量采取措施消除预算定额在交易阶段的滥用，因此工程造价定额改革既要坚持又要发展。

（1）通过设立政府投资工程工料监测点和工程价格库，完善定额编制、发布的时效性、准确性，为科学确定、有效控制政府工程投资提供有效服务。

（2）完善工程量清单计价规则，摆脱定价计价模式影响，构建与财务核算科目相贯通价格费用组成，以便承包人根据其企业成本便捷报价以及确定变更项目价格。

（3）工程造价管理机构补齐政府投资工程变更确价和履约监管的短板，充分发挥投资控制作用。

（作者单位：上海市建设工程标准定额管理总站）

工程造价改革新形势下
行业企业如何应对

□ 谢小成

工程造价、质量、进度是工程建设管理的三大核心要素。为充分发挥市场在资源配置中的决定性作用，促进建筑业转型升级，2020年7月，住房和城乡建设部办公厅发布《关于印发工程造价改革工作方案的通知》（建办标〔2020〕38号），通过改进工程计量和计价规则、完善工程计价依据发

2007年，时任建设部副部长齐骥出席新春联谊会

布机制、加强工程造价数据积累、强化建设单位造价管控责任、严格施工合同履约管理等措施，推行"清单计量、市场询价、自主报价、竞争定价"的工程计价方式，进一步完善工程造价市场形成机制。至此，新一轮建设工程造价结构性改革大幕正式展开。

一、工程造价结构性改革的必要性

建设工程造价是建设工程的建造价格，是建设工程的核心，市场博弈的焦点，建设各方倚重的对象。建设工程造价管理的内容是合理确定和有效控制工程造价。合理确定工程造价是指在建设程序的各个阶段，合理确

定投资估算、概算预算造价、合同承包价、工程结算价和竣工结算价；有效控制工程造价是指采用一定的方法和措施将工程造价控制在合理的范围和核定的造价限额内，以实现预期经济效益。

纵观我国工程造价管理发展历程，大体可分为三个阶段：1985年以前，政府定价在计划经济体制下发挥了很大作用；自1985年实行价格双轨制后，出现与过渡时期相适应的"统一量、指导价、竞争费"的工程造价管理模式；2003年我国推出工程量清单计价制度，并逐渐发展成为一种主流的计价模式。

近年来，工程造价行业按照"市场决定工程造价"的总体要求，通过工程计价制度改革、工程计价依据和工程造价信息化服务，逐步完善了"企业自主报价，竞争形成价格"的建设工程造价形成机制，云技术和BIM技术等也取得了大量成功经验，较好满足了工程建设各方需要，在保证建设工程质量安全、提高投资效益等方面发挥了重要作用。基于此，我国工程造价咨询业也得到蓬勃发展。截至2019年末，全国工程造价咨询企业超过8194家，年营业收入超过1800亿元，全国工程造价咨询企业从业人员达58万人，基本覆盖工程项目投资、建设、运营全过程。

党的十九大作出了中国特色社会主义进入新时代的重大政治判断，新时代为工程造价行业提供了新的广阔发展空间。新型城镇化建设为固定资产投资、建筑业发展释放新的动力，中央明确提出实施重大公共设施和基础设施工程，加强城市轨道交通、海绵城市、城市地下综合管廊建设，加快棚户区和危房改造，有序推进老旧住宅小区改造及市政设施维护对造价业形成巨大需求，工程造价行业新的创新点、增长极、增长带正在不断形成。当前，建筑业面临着国家战略叠加实施、新一轮科技革命、"一带一路"建设、扩大内需市场等系列重大利好，将在统筹推进传统和新型基础设施建设、坚持推进新型城镇化、坚持绿色发展建设美丽城市等方面发挥重要作用，也成为倒逼催生工程造价等相关行业相互促进高质量发展的新活力新动能。

机遇与挑战并存。对工程造价行业来说，更直接的是来自建筑业转型升级的挑战，建筑业正在经历或者即将发生颠覆性的变革。一是由原有的单一投资模式向以EPC为主导的主体融资模式转变；二是由原有的分段承包模式向工程总承包为代表的总体发承包模式转变；三是由原有的分段咨询模式向全过程工程咨询模式转变；四是由原有传统数据采集处理模式向以BIM为代表的在线数据采集处理模式转变。新时代建筑行业巨大变革，形成了新的巨大需求，必然要求工程造价业提供与之相适应的计价规则、技术、咨询模式、方法。

与此同时，伴随着建设工程市场的巨大需求，政府投资对工程造价业的计价依据、计价规则和咨询服务的需求标准也在不断提高。面临市场日益变化不断提高的造价管理需求，工程造价行业的发展还很不平衡很不充分。发展不平衡主要表现在地区差异明显，有些地区工程造价业还处于很落后的状态，造价咨询企业之间服务水平、质量差异明显；发展不充分主要表现在工程造价业服务政府宏观调控和预测预判能力不足；为市场及时准确提供计价依据的能力不足，计价

2007年，正式成为国际造价工程联合会（ICEC）成员

规则、定额不能适应市场的需要，有的甚至脱离了市场实际；造价咨询企业对全过程咨询管理、信息化模式条件下的经营理念、工作模式、工作方法、技术远远研究不够、准备不够。现阶段，在我国工程造价领域，定额和清单两种计价模式并存，随着社会经济和管理科学迅速发展的冲击，工程造价管理体系已不能完全适应市场发展需要，造价信息服务水平不高，造价形成机制不够科学都对工程造价的发展形成了很大掣肘。

上述供给和需求上的不匹配构成了工程造价行业的主要矛盾，即市场日益变化不断提高的造价管理需求与工程造价业不平衡不充分的发展之间的矛盾。这是工程造价行业的主要矛盾，其他矛盾和问题归根结底是由这一主要矛盾造成或衍生而来。解决这一矛盾，都要求我们必须坚持质量

第一、效益优先，大力推进行工程造价结构性改革，推动行业发展质量变革、效率变革、动力变革。

二、工程造价结构性改革必须坚持贯彻新发展理念

推进工程造价结构性改革就是要从提高供给质量出发，用改革的办法推进结构调整，减少无效和低端供给，扩大有效和中高端供给，增强供给结构对需求变化的适应性和灵活性，提高全要素生产率，使供给体系更好适应需求结构变化，更好满足建筑市场的需要，促进行业的发展。

推进工程造价结构性改革，必须坚决贯彻落实创新、协调、绿色、开放、共享的发展理念。必须把创新摆在改革的首要位置。不断推进工程计价依据的理论创新、制度创新、服务创新。对BIM为代表的建筑信息化要能及时跟进，学会并充分运用信息化手段服务建筑业、服务政府、服务项目。必须重视行业协调发展。正确处理好工程造价管理中政府与市场、发包与承包、监管与服务等一系列关系，逐步实现全过程工程咨询、总承包模式下的造价管理流程重构。必须推进绿色建筑。将节能、节水、节地、节材、节矿等作为约束条件和目标，编制工程计价依据，大力推进工程建设绿色发展。必须确保全国统一的工程计价规则。促进各地区各行业的市场开放，支持企业走出去，为注册执业人员与国际接轨创造便利条件。必须积极完善工程造价数据信息标准。保证工程造价数据互联互通，推进建设工程造价数据库、计价软件数据库标准的统一，促进数据共享。

推进工程造价结构性改革，必须贯彻新发展理念，坚持服务大局、服务市场、服务行业的方向。

一是服务大局。服务现代化经济体系大局、服务建筑业改革大局，服从服务全过程工程咨询大局，在大局中找准位置，以自身作为赢得尊重，以自身发展求得地位。

二是服务市场。市场决定造价，市场需要什么，造价就提供什么。市场对造价有什么样的标准要求，造价管理就要及时跟进。必须永不停顿地

对标市场、研究市场，永不停顿地学习，永不停顿地创新，永不停顿地培养市场需要的人才。

三是服务行业。改革是为了激发行业发展活力，促进行业发展，必须有利于提高造价咨询企业服务能力，有利于形成优胜劣汰的市场环境，有利于优秀造价管理人才脱颖而出。

三、行业和工程造价从业人员如何面对改革的巨大机遇与挑战

工程造价改革方案进一步强化了对造价工程师的法律责任，即执业过程中产生的经济责任由单位承担，法律责任由个人承担。新政策打破产业边界，促进产业融合，并将有利于律师事务所、会计师事务所、资产评估师事务所等中介机构与造价咨询企业的深度融合，从而助推建筑行业实现整体高质量综合性协同发展。基于新政策带来的巨大变化，于企业而言，可从以下几点入手。

一是积极拥抱改革。疫情期间，以往基于稳定的、确定的逻辑制定的工作机制和工作模式应得到重新审视，不确定性条件下的工作机制和模式必须是柔性的、动态的、自我调节的。此次工程造价"大刀阔斧"的改革可谓彻底改变了原有工程造价的认知，取消定额作为计价的基础，让很多

造价初中级人员不知所措。事在变，人亦变，随着政策的落地，造价与市场接轨已成必然，我们应该以积极的心态拥抱当下的变化。造价改革已进入深水区，不破不立，定额不是保护伞，也非万能神器，企业只有顺势而为，才能持续进化。

二是强化合同管控能力。方案强调"严格施工合同履约管理。加强工程施工合同履约和价款支付监管"，这是促进建筑业企业造价管理向上提升的重要手段。工程造价专业的发展进步的四大台阶分别是：计量计价、合同管控、项目管理、投融资管理，大多数企业和专业精英仍停留在第一、二台阶之间，与国家对行业的要求有较大提升空间。改革方案的出台，必将大大促进广大建筑业企业和专业人士实现算量计价业务与商务管理、咨询业务分离，向更高台阶跃升，进而提高企业核心竞争力。

三是倾力打造"数字造价"。随着造价改革推开，企业造价数据库顺势而来。数字化应用不仅是"数字造价"管理理念的落实，更是深入推进工程造价管理改革的重要武器。数据支撑自动化决策，助力于企业成本精细化管理，实现决策能力规模化，并释放精力用于思考未来。打造持续加速、持续颠覆、持续开拓的数据引擎，将成为引领行业发展和企业转型升级的必然选择。企业今后的投标竞争力，必然表现在"数据能力"之上，整个工程造价咨询产业也将必然形成"数据为王"的竞争态势。无论是行业还是企业，必须以百米冲刺的速度，迅速强化自身获取和处理工程造价相关数据的能力，整理梳理过往咨询积累的数据，注重数据的积累，尽快形成自己的企业数据资产，并在后续中不断完善更新。

四是学习行业标杆。当前工程造价改革号角已经吹响，未来与其被动改革，不如当下主动变革，辨明大势，顺势而为，跟上时代新潮流。改革方案的指导思想就是摆脱传统定额模式计价的束缚，学习企业定额、动态清单、动态定额、模拟清单等市场化体系计价方式，与市场接轨，与国际接轨。行业应认真钻研BIM，掌握BIM直接出量的方法。业主及咨询公司应多向行业标杆承包商学习，学习他们的计价方式。咨询机构应向国外同行多学习，学习他们无定额的计价方式。招标代理机构应向FIDIC学习，学习世界银行的评标方式。

现代的企业，需要有经济头脑、能对成本进行预估、预控的动态型、复合型、经济型技术工程师，而非传统概念的"工程造价员"。定额逐步取消后，成本转变为永恒的话题。未来的造价从业人员，需清楚业主要求、了解工程的动态、熟悉施工方案、知晓工艺流程、掌握市场行情（用工量、市场水平）、深谙公司数据库、把握十足的自身成本。于工程造价从业人员而言，应做好如下九大转型。一是认知高度转型。进入新工程咨询时代，我们必须将单纯的造价工作提升到"项目治理""智慧管理"的新高度去思考，造价人员的认知应提升到大格局、大视野、大情怀、大智慧、大数据、大生态圈的建筑命运共同体的高度。二是思路理念转型。进入工程造价管理的新时代，我们必须树立"全过程控制、精细化管理、体系为本、流程再造、重心前移、策划先行、合同协同、商法融合、价税双控、效益为王"的新理念。三是身份定位转型。必须由过去的造价员职位华丽转身为高级工程商务管理人

员，而高级工程商务管理人员必须做到"技经跨界、商法融合"，必须成为"懂技术、会管理、精造价、通合约、善法务、晓财税"的综合型人才。四是管理模式转型。我们必须由过单一的造价管理模式转为"技术、造价、合约、采购、法务、财税"的六方协同管理模式。五是工作内容转型。必须由过去以"计量与计价"为主要工作内容的传统造价工作向以"项目策划、合约分析、商务法律、财税筹划、投资融资"等为主要工作内容的转变，做到合约协同、商法融合、价税双控。六是技术手段转型。必须由过去以手工计算为主的造价工作，转变为利用新技术、新工具提高效率上来，加强对现代信息技术的学习和应用，善于利用BIM、云计算、大数据、人工智能、VR等现代化的手段，提高我们的工作效率。七是价

值观念转型。工程造价管理工作必须由过去单纯地追求数字结果向追求过程精细控制转变，要由过去追求结果精确向追求项目增值转变。八是方式方法转型。必须从单打独斗的工作方式向团队合作、专业分工、联合作战的方式转变。九是职业方向转型。面对变化的新时代，我们的发展方向必须瞄准社会发展浪潮，面对风口，聚焦智慧城市、数字建筑、城市更新、新基建，迎接建筑工业化到来，不断调整自己，满怀激情与梦想，发现新机遇、迎接新挑战。

工程造价改革方案的出台，是充分发挥市场在资源配置中的决定性作用，进一步推进工程造价市场化改革所采取的重大举措。面对世界百年未有之大变局和建设工程造价改革大局，我们必须始终以习近平新时代中国特色社会主义思想为根本指南，贯彻新发展理念要求，坚持以人民为中心的发展思想，拥抱改革、亲近变化、顺应潮流，以结构性改革为主线，推进结构调整，使造价管理供给体系更好适应需求结构变化，更好满足建筑市场的需要，共同促进行业的发展，为新型城镇化建设贡献力量！

（作者单位：湖南省建设工程造价管理总站）

工程造价之认与识

□ 张红标

　　我国使用"工程造价"一词是在
1981年前后是从"基本建设工程概预
算"一词转换而来。1990年中国建设
工程造价管理协会成立，时任建设部
副部长甘志坚在中价协成立大会开幕
式上的讲话中指出，中华人民共和国
成立以来，国家为保持国民经济的稳
定增长投入了大量建设资金，这对促
进社会生产的不断进步，改善与提高
人民物质文化生活水平都是必须和必要的⋯⋯但我们是一个资源相对短
缺的发展中国家，国家每年筹措建设资金很不容易，而且也很有限。因此
"吃饭"与"建设"的矛盾将长期存在，这是我国的基本国情。如何有效地
利用投入建设工程的人力、物力、财力，以尽量少的劳动和物质消耗，取
得较高的经济和社会效益，这是国家各部门、各地区都十分关心的问题。
同时，它也对我们工程造价管理专业工作者提出了一个更高的要求，即要
确保国家有限的建设资金都能得到合理的、有效的和最优的配置与使用，
少投入多产出，以满足不断增长的社会需求。工程造价确定涉及工程技术
列项、计量与计价，存在一个物有所指的工程计价、工程计价依据管理问
题；工程造价控制涉及工程商务招标、合同与履约，存在一个物有所值的

经济经营、建设商品价格价值认同问题。文章工程造价的认与识拟从工程计价依据管理与建设商品价格价值认识认知方面加以回顾与分析理解，展望未来工程造价之发展。

一、工程造价计价依据发展概述

工程造价的形成涉及三个问题：对建设产品如何分解，分解后的构部件如何计量，对各个构部件如何计价，这三个问题也是构成我国建设工程计价依据的主要部分。我国是依照建设产品专业书籍或标准，将建设产品依照产品内各构部件的建筑功能、施工工艺分解，如建筑物分作基础、结构、门窗、装饰、机电设备安装等，基础施工又分作土石方挖运、桩基础施工、钢筋混凝土基础施工等，结构施工又分作柱、梁、板、墙、楼梯等构件施工等。建造这些建筑产品构部件又有固定的设计、规范、规模要求，由此便有一个构部件的计量规则标准的共有设定。构部件分解及计量规则设定后便有一个构部件单价确定的问题。

我国现阶段实行的是社会主义市场经济，来自于新中国成立时确立的社会主义计划经济，计划经济时期建筑业实行国家、政府统一管理，建设产品实行政府统分统配统建统管。国家实行统一一套政策、制度、标准、规则管理，建筑构部件单价实行全国统一计价依据——概预算定额来确定、管理。目前我国建设工程计价依据的管理制度，便是源自20世纪50年代"政府统一制定、社会全盘无误执行"的高度计划经济体制下的基本建设概预算制度，在该制度实行的首个30年间，充分发挥了其在社会发展基础薄弱、建设项目配给条件下"统一、指令、严密、量价合一"的全能管制型政府的功用。

自20世纪80年代初至2010年的第二个30年间，随着我国社会主义市场经济迅猛发展，在政府管理观念与水平提高、社会才智（包括社会认知、专业人员素质、行业机制健全等）成长、市场扩大深化、建设项目招标投标市场逐步形成的条件下，我国建设工程造价计价依据管理顺应形势发展，及时施行"控制量、指导价、竞争费、量价分离"的战略转型管理机制，发挥了政府强势主导、社会协同执行的技术规制型政府的功能。

自2010年以来，建筑劳务人工价格的暴涨引发对计价定额人工工日消耗量及单价的讨论，市场的发展给"控制量、指导价、竞争费、量价分离"的发展形式带来了新时期的新挑战，量变可控制吗？价变能指导吗？费用架得住竞争吗？量变与价变真的能分离考量吗？政府管理向简政放权、宏观服务方向发展已成必然。随着经济、市场、项目发展，以及政府、社会各建设主体与行业从业人员及其业务素质的成长、成熟和提高，我国建设工程计价依据管理下一步的发展，即第二次的转型发展，将必然融入更多来自社会、来自市场的自下而上的变革驱动，向着"市场主导、社会自主、政府服务"的社会化、专业化的多元主体合作方向转型和发展。

随着时代的变迁，社会、经济的发展，项目的差异化、复杂性和变化度愈为扩大和加深，市场的充分度、透明性和公开化愈加增强和提升。特别是自20世纪80年代以来，对计价依据管理更加贴近市场、贴近项目、贴近社会，大一统、大规范的计价依据政府主导型管理逐渐放松，"控制量、指导价、竞争费、量价分离"的技术管理向着"尊个性、重多元、求精细、讲契约"的价值生成导向转型。由计价依据构成的三部分来看，到目前为止，计价政策行使政府管控、规制职能，计价定额反映项目技术、消耗功用，造价信息反映市场买卖、交易行情的政府、项目及市场的三维格局已逐渐形成。随着社会、市场、项目的发育与变化，计价依据管理的内涵与外延会向着结构愈加合理、职能愈加优化、作用愈加精细入微且切实可行的方向转型与升级。

二、市场、价格与建设商品价格

从工程计价依据物有所指的建设产品建造过程阐述了对工程造价的"认"的过程，说明工程造价形成是一个生产过程，资源投入与消耗的过程。然而工程造价的最终确定与控制不仅是一个生产、成本投入的过程，它还是一个市场交易的过程，是一个招标投标、商务利益谈判、合同合约形成与落实的过程，即存在一个物有所值的经济经营、建设商品价格价值认同的问题。然而市场、市场主体如何来"识"建设商品价格与价值，却不像统一的施工投入、资源消耗那么固定、稳定与简单。

基于市场主体间的这些学习、纠错和趋利行为，市场呈现出需求、供给、趋同与满足的社会过程，也只有通过市场的客观运作，其产生的收入和财富的分配才被视为客观与正当。鉴于资源的有限性、选择的唯一性，一旦资源被用于某项活动，它就不能同时被用来从事其他活动。市场传达了那些只有在交易选择过程中才能显露出来的、个体的隐秘信息，市场中的个体必须在他人的需要、价值和偏好背景下做出选择，且必须考虑付出一定的代价和做出平衡（如机会成本的考量），这些代价和平衡促成了资源的自然与合理分配。个体在市场中提供与获得商品和服务，自然地促成资源的合理分配，这一机制同尊重个体自我所有权与发展权、保障人民各项权益的原则是相匹配与适应的。

建筑商品体大、品杂、质繁、价异，加之生产环节多、工序工艺清、分工分部细、交易清单明、供给体验强、需求认知弱等特征，建筑商品价格长期以来处于生产消耗度量、工艺技术评判为重的、凭据事先制定的计价依据计量计价的供给侧决定状况。建筑商品供给侧的成本、价格生成，从定额工（人工）料（材料）机（施工机械）构成与消耗，到建筑产品组件、清单列项与工程量计量；从工料机预算价格测定、工料机费生成，到各项施工管理费、利润、规费、税金的测计……一路以计价依据为准绳的价格形成机制，是我国建筑经济、工程造价界所长期明了与精熟的。作为建筑商品从无到有的产品、工艺、消耗及生产要素投入核计，是建筑商品价格形成的起点与基础，也是企业管理、经营所必需的。然而，商品价格的决定因素在于其自身的价值，在于其对于消费者所产生的效用，"唯消耗忽交易、重技术轻市场"的计价定价理念遇到市场"消费者层次、目的、意愿、偏好等价值取向及商品效用欲求"的需求侧理念日益增强的冲击。

建筑商品需求侧的意愿、偏好、价格生成，受到商品效用价值（外在）、机会成本（内在）等主观价值及商品使用价值（外在）、劳动价值（内在）等客观价值的影响，是消费者物有所值的价值评断。在建筑传统生产过程中，每一层级、每一组合中对建筑产品清单项目不同质量、不同工艺、不同进度要求，均存在接受者（发包方、需求侧或消费者）不同价值感受、不同效用评断的差异化、偏好度……如此种种不同需求的影响因素与影响强度，会反映在建筑商品形成过程中采购者的不同价值观与采购方式（招标、发包、分包、合同管理模式等）上，进而影响建筑商品的最终价格。

三、工程造价的经济学认识

经济（Economy）是价值的创造、转化与实现；人类经济活动就是创造、转化、实现价值，满足人类物质文化生活需要的活动。工程造价的双重含义（建设产品生产成本及建设商品消费价格）正反映建设经济这一动态整体中的基础与终点。工程造价管理从最终实现的功用来看是对建设商品价格的管理，价格由市场交易形成，交易由人的主观意愿及其接触、交流、平衡一致决定。传统建筑成本管理的技术确定，本质上是要求其计量内容与结果的唯一性和准确性，不存在人的认识喜好、意识差异的影响。建筑商品价格的市场确定过程，客观上存在着人的认识有限性和信息不对称的影响，是一个不断尝试交易、不断创新发现、不断犯错纠错、不断探索学习的动态过程，允许其计价、估价、谈价、定价结果存在必要的差异性及人本的非理性。

建设产品生产成本的确定与控制首先是以精准的技术手段来分割、度量和计算建设产品，即产品的技术生成，其过程在于确定产品的种类、构成、尺寸、数量、重量及所需的工作条件、环境与内容，是对产品及其生产的空间、时间与内容"物有所指"的定位。建设商品消费价格的形成与完成是经由市场寻找、发现、比对、竞争、调整、选择、合约、交易等的过程。此过程并非与产品的技术定位完全割裂，而是充满着对技术进行"性价比、成本优化、费用效益效果评估、经济评价、可行性研究、全生命周期成本最优等"的技术经济分析、比对和调整，即做到对产品及其生产的空间、时间与内容"物有所值"的定位，市场在此过程中是一种寻找、发现、调节和改善的手段。

市场经济的诞生与发展带动建设产品从重生产向重交换、从重技术向重市场、从重计量向重计价方向转变。造价业务将从看重"列项（Break-down）、计数（Taking-off）和工料测量（Quantity surveying）"的工程师角色的技术内容，向着看重"合同策划（Contract programming）、成本优化（Cost optimization）和价值评估（Value evaluation）"的成本分析师、市场营销师和估价心理师角色的市场人本内容转移和提升。而当代市场经济的发展要求建设成本的确定与控制更应具备合同管理、保险估值、成本规划、项目评估、经济冲突规避及市场信息管理等业务功能，造价业务的核心业务功能将围绕建设项目市场人本交割价值的鉴定或估算，即人本的经济估价方向来演化。

经济学是关于市场运行的理论。建设产品造价，建造的工程费用，本从现场、生产来，依工艺、重技术，多为工程师的能耐。然若往供给、市场去，则其产品属性却向商品属性走，工程造价朝交易价格转，需求侧偏好、意志前来，供给侧成本、利益迎上，效用沟通，价值交流，盈亏平衡，理性判断，行为分析统统用上。价值的创造、转化与实现，价格的发现、商榷与确定，皆为经济学、经济师的功能。

四、结语

文章从工程造价物有所指确定的"认"的过程阐述工程计价依据管理的过程及未来发展，从工程造价管理物有所值控制的"识"的过程感受建设商品价格、价值的辨识与识定，认为从工程造价到建设商品价格的确定与控制，应当在生产投入的劳动价值"认"定基础上，融入更多来自消费需求的市场交换价值、消费价值"识"定内容。

值此申价协成立30周年之际，回顾亲身经历的工程造价及管理事业30多年发展，其实践的"识图—手算—套价"至"建模—机算—套价"至"智识—数通—云聚"的技术创新发展，在算力上、体力上是个不小的跃升。然而其理论的认与识远非以实践中的省时、省力能衡量、界别，单从价格的确定与控制角度看，计划经济

时期的政定民用，市场基础作用时期的求其求一，到市场决定作用新时期的见仁见智，市场、人本发展带来的价值认识跃升，应是工程造价及管理事业发展的最大推力。工程计价少不了工艺分析、工程计量，但更应依此为基，丰以更多市场要素、经济要素、行为要素、人本要素、内生要素、创新要素，如此才以应对不断丰富、发展的物质文化的实践需求，才能满足人民对美好生活的要求，实现自"以供给、工艺、计量、耗用为重的被动型造价工程师职能"向"以需求、发现、判断、评价为重的主动型建筑经济师功能"的转型与升级。

（作者单位：深圳市建设工程造价管理站）

论工程造价发展的现状与对策

□ 任己任

目前，我国造价咨询行业存在以下情况：一是企业数量多。截至2019年末，全国工程造价企业共8194家。其中，甲级4557家，乙级3637家。二是从业注册造价工程师人数少。截至2019年末，全国工程造价从业人员586617人。其中，注册造价工程师94417人，占比16.10%。三是收费水平低。湖南地区造价企业收费水平一般在原湖南省物价局《湖南省建设工程造价咨询服务收费管理办法》（湘价服〔2009〕81号）确定的收费标准五六折的水平线上，有的甚至低至三四折。四是行业关注度越来越低。针对加强工程造价管理，政府建设行政主管部门出台相应的指导性文件较少。五是社会认可度越来越差。工程变更频发，合同管控失灵，投资控制失败等，普遍认为与工程造价的服务质量有关，很少有人深入追究工程造价核算不准的真正原因。这一现象的出现，有其特定的主观、客观原因。

一、原因

1. 行业管理职能弱化

在计划经济机制下，我国已经形成了管建设业务的不管建设项目计划安排，管建设项目计划安排的不管建设项目资金拨付和建设业务的交叉管理监督机制。交叉监督管理机制，有利于互相监督，但是不利于管理联动,容易出现各管各自的事项而使项目不能整体推进,甚至**重叠重复管理**的现象。这就是工程造价管理机制一直不能很好地理顺的外部原因。主要表现在两个方面:

(1)行业管理不能覆盖专业领域。工程造价包括投资匡算、投资估算、投资概算、工程预算和工程结算。目前,投资估算、投资概算仍然没有按行业管理要求出具专业成果文件;工程预(结)算成果,虽然单独出具了专业成果文件,但其格式与要求主要由财政投资评审机构决定,其专业成果的最终由财政投资评审机构审定。财政投资评审机构按财政投资评审的格式与要求出具成果文件,不需要考虑行业管理的要求。

(2)工程预(结)算核定,被财政投资评审职能兼并。目前,地方政府投资项目的工程预(结)算,基本上由财政投资评审机构审定。审定即审核确定,是投资决策管理的最高层次。有的财政投资评审机构虽然也委托造价咨询组织进行初审,但对审定事项没有专业裁定权。这种委托初审,不是法律意义上的委托代理,实际上是代办、协办,不能完全发挥其专业技术优势。

2008年,马来西亚建筑署及马来西亚测量师协会访问

2.定额管理功能被扩大

目前的建设工程造价管理机构,计划体制下建筑施工企业主管机构(简称建工局,下同)下设的计划成本管理部门(简称定额管理站,下同),主要负责施工生产成本计划的编制、审核和监督执行。建工局在政府机构改革时被撤销,定额管理站移交建设委员会(简称建委或建设部、厅、局,现为住房和城乡建设部、厅、局)。由于长期从事施工企业生产成本计划管理,形成了以施工生产消耗量及费用标准代替施工生产计划成本管理的传统。把这一传统简单地嫁接到业主的投资费用计划管理上,就产生了明显的偏向性和不适用性。主要表现在三个方面:

（1）以定额计量套价取代投资管理。地方建设工程造价管理机构，一直围绕消耗量标准以及相应计价程序、费用项目及费率标准更新做文章，始终没有把工作重点转移到从业主的角度进行投资费用管理上来，致使工程造价也因此而沉醉于计量套价而不能自拔，甚至误以为定额计量算价就是投资管理；致使工程造价在运用定额计量套价后，始终难以满足业主对投资费用控制的要求，始终与工程实际成本"两层皮"。投资管理包括计划和执行两个主要阶段。定额计量算价只是为投资计划确定提供基础依据，并不等于投资管理。计划虽然具有指导与控制作用，但也不能代替实际管理。机械地依靠定额计量套价进行投资费用的全程管理，难以承接投资管理的重任，难以做到工程实际成本相吻合，更不可能承担投资管理的全部风险。

（2）定额算量套价与投资费用实际管理错位。目前，工程造价管理机构机械地强调定额算量套价的功能，甚至以定额算量套价取代对投资费用的实际管理，这完全违背了建设工程费用形成的客观规律。基本建设程序要求建设项目应该分步骤实施，前一步骤没有完成，后一步骤就不能实施。投资费用确定也是分步骤形成的，前一步骤形成的结果，不可能等于后一步骤运行的结果。在工程交易阶段，就出现了以通过定额组价方式确定的招标控制价，作为衡量投标报价是否低于工程成本的规定。招标控制价是一个理论模型测算值，工程成本是投资费用的实际支出数，两者根本不在一个逻辑范畴内。无论是计划确定，还是现场施工，都以定额组价为标准进行计算或调整，以投资实际支出匹配定额子目内容，致使投资费用对应的不是工程建设支出，而是以投标报价（总价、单价）为额度、以定额子目内容为标准的计划支出数，颠倒了定额计量算价的作用。

（3）定额计量算价与基本建设程序管理脱节。目前的定额主要是预算定额。概算定额即使有，也是很早以前的零星定额子目，基本上没有很大的指导意义。预算定额包打不了投资管理的天下。预算定额是阶段性的，主要满足投资计划确定的需要，并控制投资费用计划的执行。预算定额是有针对性的，主要是对施工图纸进行的核算。施工图不等于竣工图，何况施工图还可能出现多种版本？计划的预测性，注定其不可能完全等于实际。工程建设是在特定自然和社会环境下的一个生产过程，自然环境与社会环境不可能对工程建设不产生直接影响。投资费用控制的重点在执行环节。投资费用的实际支出，可以通过费用发生的实际数据进行精准地管理，没有必要以消耗量标准代替投资费用实际支出。

3.理论研究滞后

工程造价理论是市场经济环境的"舶来品"。工程造价理论引入我国时，我国正处于计划经济向市场经济转型的过渡时期。计划经济的预定性和市场经济的灵活性交织在一起。计划管理强调，计划一旦确定必须无条件执行；市场经济强调，随行就市，具体价格具体商定，工程造价就是一个不确定的价格，就是一个变数，不同的阶段、不同的地域、不同的角度，可以有不同的价格。在当前我国社会主义市场经济体制下，过去在计划经济向市场经济转换时期形成的概念，如投资费用、工程成本、建安工程造价、招标控制价、投标报价、工

2009年，原建设部总经济师徐义屏出席第五届理事会

程预算、工程结算等，就出现明显的局限和不足。这些不同基本建设管理阶段、不同费用项目组成内容、不同角度形成的"工程造价"，专业人士尚可以区分，非专业人士基本上是一头雾水。不仅没有体现其本身的技术含量，反而使人感觉"公说公有理，婆说婆有理"。主要表现在两个方面：

（1）专业标签没有突出投资控制功能。在我国高校，专科阶段一般开设工程造价专业，本科和硕士以及博士研究生阶段一般开设工程管理专业。可造价行业头衔偏偏选择了工程造价。工程造价本身就是一个模糊概念，并不科学。建设阶段不同，投资费用的内容及精准度不同；角度不同，投资费用的内容及水平不同。一个概念可以进行多种解释，至少不是一个精准的概念。以工程造价作为行业标签，大专层次的人员又是从业主

体，是造成工程造价不能发挥投资管理职责的重要原因之一。

（2）不同阶段的工程费用没有清晰定位。到目前为止，尚没有一个专业不能清晰定位的，工程造价却是例外。对自己在工程管理不同阶段的职能模糊不清，无论是投资决策阶段，还是工程交易阶段，以及工程实施阶段，都不能根据不同建设阶段的管理需求，确定自己明确的位置，并选择既能满足不同阶段管理需求，又能实现信息对接的方法进行计量算价。

二、对策与建议

1.以专业成果质量标准破解行业尴尬。投资估算、投资概算，既是可行性研究、初步设计在投资额上的反映，又是在投资控制下形成的阶段性成果，不是可行性研究、初步设计的组成内容之一或附属。把投资估算、投资概算从工程技术文件中剥离出来，使其成为独立的投资分析成果文件，按造价行业要求统一管理，使其与可行性研究、初步设计形成既相互依赖、又相互制约的关系，可以充分发挥工程造价的投资管理作用。

2.以高质量的服务承诺回收政府投资项目工程预（结）算专业业务。针对目前造价行业专业服务质量不高的状况，行业管理组织应及时跟进，主动配合业主加强专业服务质量管理，并以行业管理的身份承诺对专业服务质量承担相应责任，让社会相信造价行业以及造价企业能够为社会服好务，造价专业服务成果值得社会依赖，更具有专业性和公正性，以高质量的服务重新赢取社会的认同。

3.以费用项目口径统一实现专业成果的无缝对接。打通投资估算、投资概算费用项目组成与工程预（结）算不对接的通道，要求投资估算、投资概算费用项目以分部分项工程为费用项目计算口径，要求工程技术研究必须明确至分部工程范围及内容、工程特征和主要材料、主要做法的程度，避免因费用项目计算口径不一致而使投资管理成果前后无法实现连通与共享。在分部工程费用范围内，鼓励进行设计优化和措施项目优化、施工组织设计优化。

4.以定额正确的功能定位强化建设计划管理。定额是根据典型工程测算的，只能作为工程计划预测的工具。典型工程的建设时间、建设地区及地点、规划条件、建设规模、建设标准及要求、工程材料（设备）以及主要技术经济指标等，与拟建工程不可能完全相同，不能作为承发包价格和建设工程成本确定的最终依据。承发包价格应以投标要约以及双方协商一致的价格为准，建设工程成本应以实际发生为准。角度不同，功能不同，要求也应不同，不能以定额算量套价取而代之。

5.以双重职能促进计量算价成为投资管理的手段和结果。工程建设是一个从计划到实施的过程。前一步骤没有完成或达不到要求，后一步骤则不能实施。计量算价也有一个从计划测算到实施调整再到与工程建设实际一致的复杂过程。前一阶段形成的成果是后一阶段实施的重要依据。计量算价既是投资管理的工具，也是投资管理的结果。建设工程所处的阶段不同，对工程管理的要求不同，计量算价的结果也不同。只有按基本建设程序的要求分步实施，一环套一环，环

2009年，第五届理事会理事长办公会

环相扣，步步接近工程实际，计量算价才能发挥投资管理的功能。

6.以与基本建设程序同步的标准衡量专业成果服务质量。没有超越阶段的管理，也没有超越管理阶段的计量算价。计量算价的任务，不仅仅是建设工程投资费用的计算，而是建设工程投资费用的管理。建设工程所处的阶段不同，其具体工作任务和工作目标有所不同。如建设计划阶段的投资分析，包括投资估算、投资概算和工程预算，其认证的主要目标就是以投资规模为主，力求在投资规模内全面实现投资者预定的投资目标。在招标投标阶段，主要是建设计划的实施。一般要求工程范围及内容、建设规模、功能与用途以及技术经济指标更加完整、清晰，质量、进度和安全标准更加完善、合理，总价和单价更加实惠。它不是简单的价格比拼，而是

建筑产品质量、性能、安全、质量保证以及维护维修和价格等因素的综合平衡。它的控制标准是性价比。在建设实施阶段，它的控制标准是质量更好、安全性更强、工期更短、价格更低、服务更佳。只有不断地通过技术经济方案比对，才能找到最适合的工程技术方案，才能实现全面的投资费用控制。

（作者单位：湖南大学设计研究院有限公司）

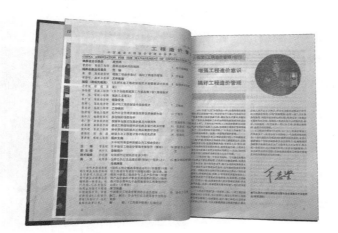

工程造价咨询行业自律体系构建研究

□ 竹隰生　林真旭

一、引言

我国当前正在开展以适应社会主义市场经济体制和简政放权为主题的行政管理体制改革，随着政府职能转移步伐加快，以政府为主、行业组织为辅的传统行业管理的模式已无法满足市场环境变化下的行业发展要求和社会管理与公共服务的需要，而以行

业组织为主导，自发地对行业进行监督和管理的模式变得越来越重要和迫切。同时，随着建筑行业的不断发展以及工程造价咨询行业的竞争越演越烈，在注册造价工程师规模不断扩张的同时，工程师恶意压低工程价格、串通高估冒算以及泄露商业机密的现象不计其数，这些行为对造价工程师的声誉与形象、建设市场的秩序乃至整个建筑行业的发展都产生了恶劣的影响。因此，完善符合我国国情的工程造价咨询行业自律管理体系就成为一个亟待解决的问题。而注册会计师、律师与工程造价咨询行业同属于注册类的知识密集型服务业，且其相应的行业协会的管理较为完善。为此，基于工程造价管理协会的视角，将我国工程造价行业自律管理现状与注册会计师及律师行业进行比较，并从协会管理体制、注册机构、会员制度、

会员管理、自律平台建设等方面进行对比分析，借鉴其行业管理的宝贵经验，在此基础上对我国工程造价咨询行业自律管理体系的构建提出建议。

二、注册会计师、律师行业与工程造价咨询行业自律管理现状

1.注册会计师及律师行业自律管理现状

（1）注册会计师行业自律管理现状。

中国注册会计师协会及地方注册会计师协会（后文统称"注册会计师协会"或"协会"）是根据我国法律成立的自律组织，法律规定注册会计师及会计师事务所必须加入协会，成为协会会员，接受协会的管理。行业协会对行业的管理，在一定程度上可以替代政府的职能。政府授权协会负责注册会计师的注册管理工作，协会以注册为枢纽建立了行业信息监控体系，实现了各级行业协会信息的互通。在日常的监管中，注册会计师协会主要负责监督注册会计师的任职资格及注册会计师和事务所的执业情况。任职资格检查不合格的注册会计师，协会将撤销或注销注册，收回注册会计师证书。具体工作流程如图1所示。与对个人执业情况管理相对应，协

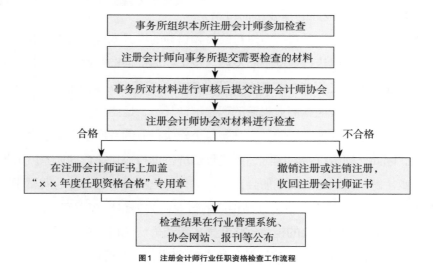

图1 注册会计师行业任职资格检查工作流程

会每年度组织开展对会计师事务所的执业质量检查，所有事务所每五年内至少接受一次质量检查。

注册会计师协会对行业的管理可概括为：一是代表政府对注册会计师进行资格准入和认可；二是行业进行管理与监督，主要内容包含制订行业自律管理办法、注册会计师职业道德规范及对注册会计师及事务所的执业情况进行监管等；三是对行业信息的收集和监控，包括建立和维护我国注册会计师行业管理信息系统等。

（2）律师行业自律管理现状。

中华全国律师协会及地方律师协会（后文统称"律师协会"或"协会"）同样是依法而立的自律组织，并实行强制会员制，被取消会员资格的律师，协会将提请司法行政部门吊销其律师执业证书。律师协会承接了司法机关的部分行政管理职能，依法对律师实行行业管理。在日常的监管中，协会主要负责开展对律师的执业年度考核。考核的内容包括遵守职业道德情况、业务情况、奖惩的情况等。考

核结果将报送司法机关备案，记入律师档案。具体工作流程如图2所示。律师行业的信息由各地区行业协会负责采集、录入、更新并及时向社会公众披露。事务所公开的奖励信息如有不良执业信息记录，将不再公开其历史的奖励信息，直至规定的不良执业信息效力期限届满。此外，律师协会还建立了全国律师综合管理信息系统，通过系统对行业进行实时监控及管理。

律师协会的职能主要是组织、管理并考核申请律师执业人员的实习活动，开展律师执业纪律、职业道德教育以及业务培训，监督律师及事务所的执业情况；对律师、律师事务所实施奖励和惩戒等。

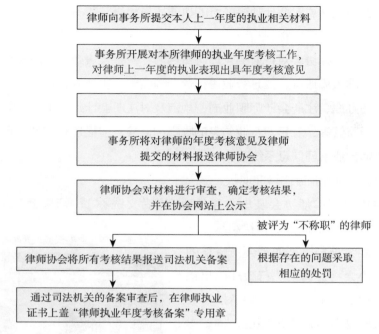

律师向事务所提交本人上一年度的执业相关材料

↓

事务所开展对本所律师的执业年度考核工作，对律师上一年度的执业表现出具年度考核意见

↓

↓

事务所将对律师的年度考核意见及律师提交的材料报送律师协会

↓

律师协会对材料进行审查，确定考核结果，并在协会网站上公示

被评为"不称职"的律师

↓ ↓

律师协会将所有考核结果报送司法机关备案 ｜ 根据存在的问题采取相应的处罚

↓

通过司法机关的备案审查后，在律师执业证书上盖"律师执业年度考核备案"专用章

图2 律师行业执业年度考核工作流程

2.工程造价咨询行业自律管理现状

我国对工程造价咨询行业进行管理的协会主要包括中国建设工程造价管理协会及地方造价协会（后文统称"工程造价管理协会"或者"协会"），是经中华人民共和国民政部核准登记，具有法人资格的全国性社会团体。目前，我国的工程造价咨询行业主要由政府和协会共同管理，其中占据主导地位的是政府部门的管理，行业协会的管理在政府部门的授权下开展。

工程造价管理协会采取的是自愿入会的机制，向协会提交申请即可入会；因此协会的管理也仅限于对行业内一部分自愿入会的执业人员及企业的管理。成为协会会员，可享有一些特殊材价信息、继续教育及相关学术沙龙论坛的资源，同时需要遵守协会的管理规定及接受协会的监管。

目前工程造价管理协会缺乏对于执业人员的管理办法；对于工程造价咨询企业，除了会员制度外，一般还会通过与企业签署行业自律公约、开展企业诚信评价的方式来控制和规范企业的执业行为。但目前虽然部分地方协会陆续出台了造价咨询业的自律公约，但相关自律公约的执行力度、约束力度、科学可行性以及配套的监管、惩戒机制等都有一定程度的不足；很多企业对自律公约的执行不够重视，且难以对未签署自律公约的执业人员的行为规范起到约束作用。诚信评价办法也仍存在着诚信体系不够健全、诚信规章制度科学适用性不高、诚信信息公开度和共享度不足、诚信配套机制缺失等问题。此外，行业内目前还没有一个可供公众共享的信用信息平台，各地区协会的信用信息平台尚未完善，且建立的信用信息平台相互独立、互不衔接，导致行业的信用信息难以真正公开。

目前我国工程造价咨询行业的管理，仍然是以政府部门的管理为主，行业协会辅助的传统模式；政府主管部门与其授权的行业协会共同对工程造价咨询行业进行整顿和治理，同时负责造价咨询企业的资质认证、从业管理，注册造价工程师考试、注册及继续教育等工作。

2009年全国造价工程师执业资格考试巡考

3.工程造价咨询行业与国内典型行业自律管理的差异

通过对比上述各行业协会的管理体制、注册机构、会员制度、会员管理、自律平台等方面，分析工程造价咨询行业与注册会计师行业、律师行业自律管理的差异。如表所示。

典型行业自律管理现状的差异

	注册会计师行业协会	律师行业协会	工程造价行业协会
管理体制	根据《中华人民共和国注册会计师法》成立的法定组织，协会的管理得到政府的授权	根据《中华人民共和国律师暂行条例》成立的法定组织，协会的管理得到政府的授权	具有法人资格的全国性社会团体，在政府主管部门的领导下开展工作
注册机构	注册会计师协会	司法行政部门	住房和城乡建设部

	注册会计师行业协会	律师行业协会	工程造价行业协会
会员制度	强制会员制	强制会员制	自愿入会
会员管理	注册会计师任职资格检查、会计师事务所执业质量检查。考核结果关系到个人及企业能否继续执业	律师执业年度考核，考核结果送司法机关备案，计入律师执业档案。取消会员资格的，协会将同时提请司法行政部门吊销其律师执业证书	行业自律公约、工程造价咨询企业诚信评价；缺乏对执业人员的管理办法
自律平台	以注册为枢纽建立了中国注册会计师行业管理信息系统，对外披露的信息可供社会公众查询	建立了全国律师综合管理信息系统，协会通过系统对企业及执业人员进行实时监控及管理	各地区信用平台尚未完善，协会之间信息共享的渠道尚未打通

由上表可以得出，注册会计师行业及律师行业均实行强制会员制，使其直接拥有了对整个行业的管理权限。此外，注册会计师协会通过年度的执业质量检查及配套的惩戒措施，引起了行业成员对于执业操守及道德规范的重视，在有效地提升行业的服务质量及执业道德水平的同时，也使协会能以此为收集会员信息的渠道，推动了自律平台的建设。而工程造价管理协会的管理存在着监管的力度和范围有限，行业自律公约、诚信评价体系等管理措施的约束力度不足，协会之间信息共享的渠道尚未打通等问题，行业自律体系仍需构建与完善。

三、工程造价咨询行业自律体系构建

工程造价咨询行业自律体系的构建，首先需要明确行业协会自律的工作定位，在此基础上完善自律管理办法，包括完善协会的服务职能，对执业人员及企业的监管办法和配套的奖惩措施，并通过构建行业自律平台来实现各地区行业信息的互通。

1.明确行业协会自律的工作定位

相比于当前工程造价管理协会，注册会计师、律师协会均是依法而成立的行业组织，社会地位更明确。有了政府及法律的支持，协会的约束力度更大，就更有利于开展对行业的监管工作。而当前工程造价咨询行业的管理主体是政府，协会的作用较小，管理的约束力度不足。但对于与政府关系紧密的行业协会来说，又衍生出了新的问题：虽有了行业监管的便利，但也会由此而受到各方面的行政干预，难以实现真正的"行业自律"。因此，工程造价行业协会应如何厘清与政府监管的关系，是当前需要解决的问题。

目前国内学界对第三部门与政府的关系的研究，概括来说有以下几类：①合作伙伴关系：第三部门与政府保持着平等合作、协同、互惠合作的关系。②边缘替代关系：第三部门必须依赖国家结构而生存，并只能在国家让渡空间里积极拓展生存空间。③竞争合作关系：第三部门既能作为公共代表协助政府对行业进行管理，实现公共管理的目的又能作为行业代表对政府进行制约监督，维护社会成员的利益。④契约关系：政府与第三部门看成公共服务的买方、卖方。

工程造价咨询虽与注册会计师、律师同属于知识密集型的注册类服务行业。但会计师由于其在证券市场中的中介地位，在会计监管中担负着极为重要的公众责任，会计信息影响着整个证券市场乃至国民经济的健康发展；律师则对社会公平正义的实现起着至关重要的作用，是维护法律权威，提升国家法治建设的质量，从而实现法治社会的重要角色。注册会计师与律师的角色与社会公众的利益息息相关，使政府加重了对市场监管的干预，从而明确行业协会的法律地位，赋予协会更多的管理权限，使两者的关系更紧密。相比之下，对于目前需要健全市场决定工程造价机制，建立与市场经济相适应的工程造价管理体系的工程造价咨询行业，更支持走市场化的道路，工程造价管理协会不能过度依赖政府的帮助来提升自身的影响力，而完全依赖自律，也不是最优选择。因此，工程造价咨询行业自律与政府监管之间应选择既合作又互补的关系，并努力向契约关系发展。现下政府对于工程造价咨询行业的管理及规则的制定仍有许多空缺和不足，工程造价管理协会应承担起政府政策的实验台和法律缺位的填补者的重要角色，发挥自身力量对政府机制进行有效的补充，形成与政府监管并列的市场治理手段，通过补充、细化和完善行业规则，逐步获取政府的重视及行业成员的认可，建立自身在行业内及社会上的威望，从而获取更大促使企业自律的资本。工程造价管理协会只有增强自身的行业治理能力，有了承接行业管理职能的资本，才会获得更多政府赋予的行业治理权力；协会在行业事务上的话语权增强后，对于行业成员不自律行为的管理，也会提高自身的威慑力。

2. 完善行业协会的服务职能

设置会员制度是行业协会通常会采用的控制和规范成员行为的方式，注册会计师行业及律师行业均实行强制会员制，使其直接拥有了对整个行业的管理权限，而对于采取自愿入会形式的工程造价管理协会，对行业的监管范围和力度都比较有限，执业人员或企业若不入会，协会对其的管理工作将难以开展。但对于走市场化道路的工程造价咨询行业来说，工程造价管理协会的管理需要得到会员的支持，应将会员看作协会的基础与存在的价值体现，强制会员制并不适用。对于行业成员来说，参与自律、制订和遵守自律规范能够带来一定的好处，但同时又意味着协会对自己的外在约束，自律所获得的收益与付出成本的比率决定着行业成员加入协会、参与自律的积极性。因此，工程造价管理协会的工作重心应围绕会员展开，完善自身服务职能，代表会员和行业的整体利益，以此吸引更多的行业成员。

工程造价管理协会应该更多深入行业中，通过不断挖掘行业的信息，充分了解行业成员的自律需求，提高服务的主动性。服务内容的设置应是会员希望可以获得，成本相对较高，且仅依靠自身力量无法获取或者及时获取的必要信息，可从信息服务、会议服务、培训服务、咨询服务及市场开拓等方面进行完善。例如工程造价管理协会可为会员提供各种成本管理类信息、出版的技术刊物，帮助会员进行职业规划、提供优质的职业资源，成立专家组为会员提供业务上的咨询服务、解决纠纷，组织仅会员可参加的高水平研讨会等高质量的专业服务；同时，会员可向协会充分反映企业的合理需求，参与国家产业政策、行业标准规范的研究与制定，再由协会代表会员与政府沟通，维护会员的权益。此外，协会可实施适当的等级制度，综合评估会员的诚信水平及对行业的贡献程度等因素，给予会员不同的级别及荣誉，对于不同级别的会员，提供不同级别的服务，实施差别化的奖励措施，鼓励会员通过提高自身的诚信水平及贡献来提升等级，以此增加行业成员入会积极性的同时，共同推动行业的健康发展。

总之，工程造价管理协会需要提高协会对会员的服务质量及协会的行业代表性，确保服务的实效性。在此基础上完善会员权益、实施等级制度和差别化的奖励措施，提升会员地位，为会员企业提供实实在在服务，以提高社会公信力和成员的认可度而提升其参与自律的积极性。

2009年，美国工程造价促进协会（AACE）前主席来访

3.加强协会对行业的监管，完善配套的惩戒措施

目前工程造价管理协会缺乏对于执业人员的监管办法，也是当前行业自律管理的难点。对于造价工程师执业道德的监管，可参考注册会计师及律师行业，定期由工程造价管理协会组织，以企业为单位对员工的执业情况进行检查，员工自行向企业提交固定时间段内的执业情况，由企业核实再上交协会评审，员工及企业同时对信息的真实性负责，以形成企业与员工互相监督的机制。对于存在违反职业道德行为或执业水平低下的造价工程师，企业可上报工程造价管理协会，经协会证实后，若情况较轻，可施行自律惩戒，包括沟通警告、通报批评、公告；取消评优、评先资格、注销其会员身份并记入诚信档案等；对于情况严重的，协会可上报并提议政

府对其做出行政处罚。

对于工程造价咨询企业的监管，首先，工程造价管理协会应完善行业自律公约的设置。保证公约制定前意见整合的充分性，兼顾不同规模企业的权益；保证公约的适度制约力，避免行业垄断的现象出现，使得规章更容易被成员所接纳，确保其可执行性。同时，扩大自律公约的约束范围，提升监管力度，设置相应的违约责任，对于违反行业自律公约的企业，披露其失信信息，可参考律师行业，设定惩戒信息的公开时限，企业在受到通报期间，不予公开其历史奖励信息。其次，健全工程造价咨询企业诚信评价体系的建设，包括诚信评价指标、权重的设置，诚信信息的获取、审核方式、更新频率、披露形式等，并完善配套失信惩戒机制的设置。失信惩戒机制对失信行为的打击主要表现为市场交易主体拒绝与其合作的市场联防机制，例如可联合政府主管部门，对诚信分数较高的企业在同等条件下给予招标优先；并形成差别化的监管，如诚信分数越低的企业在市场活动中受到监管的程度会更加严格，被抽查的概率会提高等，以此增加诚信带来的收益及失信造成的损失，对企业形成震慑作用，以达到防范失信、惩罚失信和激励守信的效果。最后，与自律公约、诚信评价体系相结合，可设置对于工程造价咨询企业执业质量的检查办法，定期抽取适量企业开展检查工作，可重点检查具有不良执业历史或诚信分数较低的企业，以确保各企业的执业质量。

4.推进行业自律平台的构建

工程造价咨询行业目前还没有一个完善的信用信息平台供公众共享。对此，工程造价管理协会可借鉴注册会计师及律师行业协会，在对执业人员及企业进行检查的同时，以企业为单位开展对企业及员工信息的收集管理工作，再由各级协会负责收集地方的行业信息，定期上传到统一的信用信息系统，使每一个登录的用户都可以直接查询到企业的相关信用记录，以此来实现信息共享。同时，工程造价管理协会可鼓励工程造价咨询企业为员工建立线上诚信档案，准确记录包括人员的变动情况、执业情况、处罚情况等，并设置特定的查询方式供公众查询。此外，工程造价管理协会可开发统一的行业管理系统，由企业组织员工自主填报个人信息，并将信息的完整度与企业、个人考核指标相关联，以此实现对行业的实时监控，促进行业自律平台的建设。

四、结语

为适应行政体制改革新形势、行业发展新要求和社会需要，文章站在工程造价管理协会的角度，基于我国工程造价行业与注册会计师及律师行业自律管理现状的差异，指出工程造价咨询行业自律管理中存在的问题，明确行业协会自律的工作定位，并结合典型行业的成功管理经验，完善自律管理办法，包括完善协会的服务职能，对执业人员及企业的监管办法和配套惩戒措施，并通过构建行业自律平台来实现各地区行业信息的互通，以推进我国工程造价咨询行业自律管理体系的构建，实现行业的健康发展。

（作者单位：重庆大学）

工程造价纠纷调解制度的建立与展望

□ 吴雨冰

《论语》有曰:"礼之用,和为贵","听讼,吾犹人也,必也使无讼乎",这集中体现了中国儒家文化以和为贵、以和为美的和谐思想,不提倡以讼断案,甚至认为诉讼是凶兆,应适可而止。然而在现实社会生活中,人与人之间总是存在各种各样的矛盾纠纷,因此如何妥善有效地解决矛盾是不得不面对的问题。调解制度正是因为蕴含着息讼止争的文化内涵,成为自古以来解决一般民事纠纷的重要手段。我国古代对调解的称法多有不同,有"和息""和对""劝释""私休""调停"等多种提法。作为一种源远流长的纠纷解决机制,调解制度为历代官府和官员在司法实践中所遵循。中华人民共和国成立后,人民调解制度一直作为司法制度建设和社会主义基层民主政治制度建设的重要内容。1954年,政务院颁布了《人民调解委员会暂行组织通则》,确定了人民调解组织的性质、名称、设置,规范了人民调解的任务、工作原则和活动方式。2010年,国家颁布了《人民调解法》,确定了人民调解制度的法律地位,为开展人民调解工作提供了上位法依据。

建设工程造价纠纷不同于一般民事纠纷。工程造价纠纷的核心问题是确定工程造价,即使因工程的工期、质量等引起的纠纷最终也归结为价款的补偿问题,具有专业性、技术性和复杂性的特点。人民法院和仲裁机构在审理工程造价纠纷案件时,也需借助专业的第三方造价鉴定机构的专业技术力量来确定工程造价,在专家准确定性判断的基础上,还需要经过大量的科学计算，仅靠人民调解制度无法顺利解决工程造价争议。在我国以往的工程实践中，解决工程造价纠纷较少使用国际上广泛通行的调解方式，根本原因在于没有健全的工程造价纠纷调解机制和调解机构。如何在制度上确立行业调解组织和行业调解制度，还是颇费周折。

早在2009年，住房和城乡建设部即已经启动了《建筑工程施工发包与承包计价管理办法》(以下简称"《办法》")的修订工作，但由于相关问题分歧较大，很多意见无法达成一致，立法工作一直停滞不前。在《办法》修订过程中就要不要引进国际上通行的行业调解制度引发了诸多争议。有的观点认为，规章里不宜规定行业调解制度，理由：一是现有的诉讼、仲裁方式，加上行政机关组织的调解方式，完全可以满足解决建设工程造价争议之需，没有必要引入行业调解制度。二是作为部门规章，应主要规定行政机关与行政管理相对人之间的权利义务关系，行业调解制度属于社会团体行业自律范畴，不属于规章的调整范围。三是行业调解制度当时并没有成熟的实践经验可以借鉴，

立法时机不成熟。有的观点认为，应当引入行业调解制度，理由：一是工程造价纠纷调解是国际上普遍采用的争议解决方式，国际工程中过半数的纠纷通过调解方式予以解决。二是根据国际上工程争端解决机制的经验做法，推行工程造价纠纷行业调解工作可以避免工程纠纷过多地进入漫长的诉讼程序，降低工程造价纠纷的处理费用，妥善化解承发包双方的矛盾，有利于尽快完成工程结算。综合各方意见之后，《办法》修订第二次征求意见稿草案暂时并未引入行业调解制度，仅仅原则规定"发承包双方对工程造价咨询企业出具的竣工结算审核意见仍有异议的，在接到该审核意见后一个月内可以向县级以上地方人民政府住房和城乡建设主管部门申请调解，调解不成的，可以依法申请仲裁或者向人民法院提起诉讼。"2012年

12月，《办法》征求意见稿送国务院有关部门和地方征求了意见，并在南宁、北京等地多次组织召开专家学者与地方建设主管部门以及建设单位、施工企业、造价咨询企业代表参加的座谈会听取意见。有反馈意见认为，发承包双方对工程造价咨询企业出具的造价成果文件有异议的，可以直接依法申请仲裁或者向人民法院提起诉讼；也可以在造价成果文件出具后30日内向县级以上地方人民政府住房城乡建设行政主管部门或者其委托的有关行业组织申请调解，调解不成的，可以向地级以上地方人民政府住房城乡建设主管部门组织成立的造价专家委员会或者其委托的有关行业组织，申请对造价咨询企业出具的造价成果文件进行技术鉴定。根据各方反馈的意见，起草小组对征求意见稿反复修改完善并做了较大调整，合并条款，精简内容，突出重点，既考虑到目前政府主管部门的行政调解受制于人财物力量单薄、调解时间过长的客观因素，又考虑到工程造价纠纷调解社会接受程度，对行业调解的推行应该按照积极稳妥、审慎灵活的原则推进，因此，《办法》（送审稿）中规定：承包方对发包方提出的工程造价咨询企业竣工结算审核意见有异议的，在接到该审核意见后一个月内，可以向有关工程造价管理机构或者有关行业组织申请调解，调解不成的，可以依法申请仲裁或者向人民法院提起诉讼。

2013年11月，住房和城乡建设部第9次部常务会审议并原则通过了《办法》（送审稿），12月，以住房和城乡建设部令第16号向社会正式公布了修订后的《办法》。从此，行业组织调解机制在部门规章层面得以建立，行业调解与行政调解相并列，行业自律与行政监管相并重，这与国际上普遍采用的工程造价纠纷通过调解或争议评审的解决机制的主要途径基本一致。为开展造价纠纷调解工作提供了上位法依据。

2017年7月，中价协在北京召开工程造价纠纷调解中心成立大会。2017年8月，中价协首批调解员培训班在湖南省湘潭市开班，邀请最高人民法院司改办有关领导和专家学者就调解制度的意义、调解理论和调解实务进行授课。首批聘任的160名调解员由业内资深的造价工程师、法律专家、专业院校与科研机构的教授学者等组成，其中，造价工程师112

人、律师19人、地方造价协会代表9人、高校科研人员7人、行政主管部门代表6人、施工单位代表6人、建设单位代表1人，具有广泛的代表性和权威性。2018年中价协第七届理事会成立之后，协会领导更加重视纠纷调解工作，进一步完善调解的体制机制，从秘书处抽调专人负责日常工作。2019年1月，调解委员会正式对外运作。2019年5月，"工程造价纠纷调解中心"更名为"工程造价纠纷调解工作委员会"（以下简称"调解委员会"），定位为中价协的分支机构。

为了规范调解工作，调解委员会首先将建章立制工作作为突破口，研究起草并发布了《调解委员会管理办法》《调解规则》《调解员聘任和管理办法》《调解员守则》《调解收费管理办法》，按照"密切配合、加强协作、充分协调、共同推进"原则，会同各省级造价管理协会共同推进行业组织造价纠纷调解工作，促进高效、规范、有序地解决工程造价纠纷。为了方便当事人提出申请，调解委员会还组织印制了《工程造价纠纷调解工作委员会调解手册》并发送各省级协

2010年，日本建筑积算协会来访

会和有关调解员，起草了调解申请书示范文本和申请调解资料清单。为了加强与其他行业调解组织沟通联系，调解委员会申请加入北京多元纠纷调解发展促进会，接受北京多元纠纷调解发展促进会的业务指导，积极组织调解员参加北京多元纠纷调解发展促进会的业务培训；同时主动加强与北京市朝阳区、海淀区、顺义区等相关基层人民法院对接，努力争取诉讼与调解对接渠道畅通；加强与仲裁机构的沟通联系，与相关仲裁机构签订战略合作协议，建立调解与仲裁对接机制；加强与交通运输水运工程造价定额中心等行业主管部门的联系合作，积极探索专业工程造价纠纷的调解路径与模式。2019年2月调解委员会在郑州异地开庭调解了一起造价纠纷案件，该案从受理申请到确定调解员、开庭调解、达成调解协议，

仅用了一周时间，充分体现了中价协调解程序灵活和高效便捷的优势，受到了当事人的一致肯定。2019年，调解委员会共受理造价纠纷调解案件5件，争议评审案件2件，共涉及建设工程造价约5.6亿元、争议额约1.2亿元，较好地化解了矛盾争议，受到当事人的充分肯定。

虽然行业调解可以高效地解决分歧和矛盾，但万事开头难，行业调解还面临着不少困难和问题。一是配套政策不健全。虽然中央和有关部门的文件都明确了行业调解的地位和意义，为行业调解发展指明了方向，但目前调解组织性质、调解范围、调解收费标准、对应的税务发票、调解费开支科目、调解员资格、调解协议司法确认和强制履行等配套政策尚不完善，仅靠行业调解组织自行制定的管理制度，缺乏制度统一性、权威性和严肃性，影响和制约了行业调解组织的进一步发展和壮大。二是社会认可度不高。行业调解作为一个新生事物，社会对行业调解的认可度普遍不高，还没有形成通过行业调解解决争议的习惯。调解组织自身宣传推广也不够，相比于法院、仲裁机构，声音比较弱，需要行业协会通过多种手段不断引导和宣传，营造良好的调解氛围，在行业中间逐步树立"有争议先调解"的理念。三是法院对接难度大，没有统一的诉调对接平台，行业调解组织只能与法院一家家单独对接，基层法院要对接，中级人民法院要对接，高级人民法院还要对接，重复工作多，效果也不好。四是行业调解组织生存压力大。调解成功是收费的前提，但调解能否成功受多方因素制约，即使调解不成功的案件，也需要投入大量时间和精力，调解收费比较困难，仅靠调解收费收入无法维持正常运转。不过，行业调解在解决争议方面不但为解决会员单位实际问题、密切协会与会员联系搭建了平台，还可为行业发展提供新的渠道，具有广阔的发展空间。

（作者单位：中国建设工程造价管理协会造价纠纷调解工作委员会）

工程造价管控向投资效益统筹的变革之路

□ 唐滕华

伴随着改革开放以来我国经济的飞速发展，建筑业作为国民经济的支柱性产业作出了巨大贡献，设计建造能力不断加强，产业规模不断扩大，节能减排取得新进展，行业人才素质不断提高，建筑业发展环境持续优化。工程造价作为建筑业工程建设管理的核心要素之一为行业持续健康发展发挥了重要作用，建设投资成本控制广泛推行，市场竞争机制有效运转，项目评价依据作用发挥明显，标准和规范日益完善，行政监管进入信息化时代。

历经三十余载艰苦奋斗和蓬勃发展，工程造价取得了骄人的成绩，每个造价人都应该为此而感到自豪。随着中国特色社会主义进入了新时代，我国社会主要矛盾已经转化为人民日益增长的美好生活需要和不平衡不充分的发展之间的矛盾。建筑业以及工程造价行业都将面临新起点、新要求，需要砥砺奋进再出发，将满足人民对美好生活的向往成为发展新目标作为指引和方向，积极有效促进建筑业转型升级，进一步推动工程造价深化改革和突破创新。

一、工程造价改革的必然趋势

1.放管服、优化营商环境政策要求

中共十八大以来，我国深入推进"放管服"改革，加快政府职能转变，推出了一系列改革创新举措，取得了突破性进展，极大激发了市场活力和社会创造力，促进了经济的平稳快速发展。自中共十九大以来，政府进一步深化"放管服"改革，优化营商环境，更大程度上激发了市场主体活力，增强了竞争力，保持经济平稳运行，促进高质量发展。

在"放管服"和优化营商环境政策的时代背景下，工程建设领域加快信用体系建设、创新事中事后监管，产生了巨大的变革。工程建设项目审批制度实施了全流程、全覆盖改革，形成统一的审批流程、统一的信息数据平台、统一的审批管理体系和统一的监管方式。工程咨询行业进一步放宽市场准入、降低门槛、推进交易流程电子化、简化相关程序，对于推进体制改革、培育和规范市场、优化资源配置、提高经济效益及预防和惩治腐败行为等方面都发挥了积极作用。在这股汹涌澎湃的变革浪潮中，工程造价也将发生巨大的变革，对全行业和从业人员产生深远的影响。

2.建筑业高质量发展的时代方向

《关于促进建筑业持续健康发展的意见》（国办发〔2017〕19号）指出：坚持以推进供给侧结构性改革为主线，按照适用、经济、安全、绿色、美观的要求，深化建筑业"放管服"改革，完善监管体制机制，优化市场环境，提升工程质量安全水平，强化队伍建设，增强企业核心竞争力，促进建筑业持续健康发展。

住房和城乡建设部《建筑业发展"十三五"规划》中，这几年建筑业

发展的主要目标指出：全国工程监理、造价咨询、招标代理等工程咨询服务企业营业收入年均增长8％；促进大型企业做优做强，形成一批以开发建设一体化、全过程工程咨询服务、工程总承包为业务主体、技术管理领先的龙头企业。进一步完善建筑市场法律法规体系，工程担保、保险制度以及与市场经济相适应的工程造价管理体系基本建立，建筑市场准入制度更加科学完善，统一开放、公平有序的建筑市场规则和格局基本形成。

建筑业高质量的发展、核心竞争力的形成、行业品牌的打造、规划目标的实现，需要建立在有效的资源配置基础之上，工程造价必然要为行业的资源配置发挥更加积极有效的作用。

3.市场决定资源配置的改革目标

《住房和城乡建设部办公厅关于印发工程造价改革工作方案的通知》（建办标〔2020〕38号）指出：充分发挥市场在资源配置中的决定性作用，进一步推进工程造价市场化改革，决定在全国房地产开发项目，以及试点省市有条件的国有资金投资的房屋建筑、市政公用工程项目进行工程造价改革试点。通知精神的核心就是市场决定资源配置，这为未来造价改革明确了目标，过去由行政指令形成的造价体系将向市场转变。

二、工程造价改革的思路探索

1.工程造价向全过程咨询延伸拓展

《国务院办公厅发布关于促进建筑业持续健康发展的意见》（国办发〔2017〕19号）明确倡导：培育全过程工程咨询。鼓励投资咨询、勘察、设计、监理、招标代理、造价等企业采取联合经营、并购重组等方式发展全过程工程咨询，培育一批具有国际水平的全过程工程咨询企业。制定全过程工程咨询服务技术标准和合同范本。政府投资工程应带头推行全过程工程咨询，鼓励非政府投资工程委托全过程工程咨询服务。在民用建筑项目中，充分发挥建筑师的主导作用，鼓励提供全过程工程咨询服务。《关于推进全过程工程咨询服务发展的指导意见》（发改投资规〔2019〕515号文）指出：在项目决策和建设实施两个阶段，重点培育发展投资决策综合性咨询和工程建设全过程咨询。鼓励实施工程建设全过程咨询，由咨询单位提供招标代理、勘察、设计、监理、造价、项目管理等全过程咨询服务。

（1）发展全过程咨询是建设单位一体化咨询服务的市场需要。

随着我国固定资产投资项目建设水平逐步提高，建设单位投资建设意图向多元化发展，投资者或建设单位在固定资产投资项目决策、工程建设、项目运营过程中，对综合性、跨阶段、一体化的咨询服务需求日益增强，这种需求与现行制度造成的单项服务供给模式之间的矛盾日益突出。大力发展满足委托方多样化需求的全过程工程咨询服务模式将是市场需求的新导向。

（2）发展全过程咨询是资源统筹提升投资效益的有力途径。

传统的单一化的咨询服务在处理一些流程性、事务性的工作时有一定的优势，但综合性的工作明显效力不足，已经越来越不适宜市场实际需求，很难统筹资源实现整合调配，全过程咨询应运而生也是恰逢其时。整合多种咨询服务化一的全过程咨询将能够为固定资产投资及工程建设活动提供高质量智力技术服务，实现整体资源全方位的充分使用，全面提升投资效益，保障工程建设质量和运营效率，推动高质量发展。

（3）发展全过程咨询工程造价具备先天优势条件。

传统的咨询服务行业中，可研和各种影响评价评估主要解决建设审批合规性问题，招标代理主要解决招标投标流程合法化问题，勘察设计主要解决用地指标和建设单位意愿生产转化的问题，监理主要解决建设施工质量安全的问题，项目管理主要解决建设单位专业力量缺失的问题，工程造价主要解决建设成本投入的问题。而全过程咨询主要解决的就是投资效益整体最优化的问题，工程造价在资源配置这方面具备其他咨询服务所没有的先天优势。

2.以投资效益统筹作为发展核心要素

投资效益主要分为经济效益和社会效益。经济效益主要指的是建筑生产的产出比，投入与产出之间的关系。社会效益涵盖的范围较为宽泛，包括政治效益、思想文化效益、生态环境效益等。社会资本投资项目尤为关注的是经济效益，政府投资项目主要关注的则是涉及国计民生、公共安全、国家和地方战略的社会效益。

建安工程造价在整个开发建设项目成本构成中是重要部分，而且近年来随着土地价格、相关行政性事业性收费、基础设施费、公共配套费等要求及标准的逐步提高，项目整体成本之中建安工程造价所占的比重有逐渐降低的趋势。现阶段建设单位拿地开发项目将面临更复杂的因素及风险与挑战，过去粗放式的方式很难适应当前市场的环境，需要更加精细化的管理模式，需要动态考虑分析项目资金的时间价值。一般项目中建设单位对于融资、资金链的安全重视程度是最高的，然后是对于销售回笼资金，其次是对于开发成本的管理，再次是其

他方面。工程造价要想执全过程咨询之牛耳，就必须站在建设单位的角度去解决他们最重视、最关键的问题——关于投资效益统筹的问题。

3.运用信息技术形成建筑数据模型辅助投资决策分析和建设运营管理

BIM（建筑信息模型）技术经过这些年的发展，在工程建设领域发挥了越来越重要的作用。3D构建模型非常简洁、直观，可视化的效果加上系统自动的碰撞检测会大大简化、便利施工。可以预见，随着信息技术的发展，未来施工图纸都应该是三维的。BIM模型加入进度的概念，可以模拟建设施工的全过程，各方参与主体都可以在同一个平台上直观地进行计划和安排生产，配合使用流程图、列表等可以将非实体部分、开发建设其他相关环节、关键要素等编排划一融合，将项目复杂的特性、现场现

状、施工组织设计和方案、各个承建单位配合情况等方面综合考虑、整体平衡。BIM 模型加入成本的概念，在实际工作中，如果能够按照建设施工进度的安排，根据收付款的发生重新定义计量计价具体时点，则可以与财务实际发生相互匹配，与付款方式相关联，与财务收支的现金流相一致，这样可以作为财务费用准确计量的依据，也将为保障资金链安全提供可靠的屏障。所以不仅要考虑关注项目实体本身，还应该从成本乃至投资的角度去看待、衡量、分析整体项目，这也就是需要更全面的一体化信息模型着力解决投资决策分析和建设运营管理中的关键问题。

三、工程造价管控向投资效益统筹迈进的实施措施之思考

1.建立全国统一的工程量计量标准

可以预见，在未来建立全国统一的工程量计量标准和口径将有助于减小区域差异化、特殊化带来的影响，提高项目管控和行业监管的效力。实践证明，以市场实际发包、承包、分包范围作为依据，编排项目划分和专业构成，以开发成本的构成和会计科目划分作为参考，将更加科学合理。

前期决策阶段以及施工图设计阶段属于主动控制阶段，编制控制价以及招标投标环节属于被动控制阶段，主动阶段的效力将远远大于被动阶段。在当前的市场环境下，设计单位控制工程造价存在一定的困难，但由设计单位来控制工程量则简单易行，通过风险共担机制对于工程量的风险由设计来主要承担，价格的风险由建设单位以及施工单位来承担，将有效缓解供求矛盾并控制投资成本。

2.推进完全费用综合单价的形成

目前许多国外工程项目清单往往使用的是完全费用综合单价，建设单位或者总包单位分包某些工程时应用的也基本都是含税的完全费用综合单价，即包含了所有相关费用的综合单价，这个单价与市场实际较为贴切和相符，也是开发企业投资测算、制定目标成本、动态管理的标准和依据。因此可以在某些地区、项目试点推行完全综合单价，根据设计做法、建造标准、材料

设备选型可确定的完全费用综合单价将有利于同类工程之间的横向比较以及不同时间、不同区域的纵向对比，也将有助于推动建筑数据信息化的发展。

3.建设工程量指标系数及市场价格信息交互平台

众所周知，工程造价的数据具有极其重要的应用价值，大量发承包交易以及竣工结算决算的案例形成有效的数据沉淀和积累其实是巨大的资源宝库。完整的工程造价指数指标在收集、整理、发布等方面要求都非常高，尤其是数据分析需要的专业性很强，有些数据也难以直接获取。但是工程量的指数指标获取则较为容易，很多开发公司、建设单位都有详尽的限额设计标准或含量要求和规定，在指导设计和建设施工中发挥巨大的作用。这些数据是经过大量的实践生产所产生的智慧结晶，很多常规类型的工程目前已经不必再去找大量的案例工程去分析造价获取数据，仅从建设单位获取的限额指标就足以控制某些项目的资源投入。在价格方面通过一揽子综合单价可以比较直接有效地与市场实际产生对接，更加透明、全面，也为指数指标系统的准确性和广泛应用奠定良好的基础。

可以尝试探索建设工程量指标系数及市场价格信息交互平台，主管单位和组织机构定期采集和发布工程量的指导指数指标，有能力的企业和从业人员可以在平台上发布具备竞争性的指数指标供应用单位选择，承包单位可以针对相关要求在平台上发布竞争性的综合单价，用商业的模式和市场化交易的规则重新定义工程造价的构成。

4.设计自动化和智能化的工程造价数据模型工具

大数据和人工智能正在飞速发展，正在迅速改变各行各业，相信在不远的将来也会给建筑行业带来深远的革新，也会给工程造价带来新的用户体验。基于自动化和智能化的造价工具可以基于项目本身的特性，提供可参考的费用构成模型，给出量和价的区间参考范围，极大程度减少机械性的重复劳动、项目繁杂构成的专业困扰、常规性问题的思考，可以根据用户对未来判断和期望的选择，而自动进行运算，推导出合理的结果，让造价变得更加简单、快捷、高效，也可让造价人员有更多的时间和精力去思考和解决更复杂、价值程度更高的问题和工作。

数据模型工具将来可以通过终端用户对已完工程类结算数据资料关键指标的分享以及系统云端的分析与采集，可以为用户在前期阶段提供参考性限额指标，用来指导或者选择设计，保障决策、设计、施工与市场不脱节，以期真正达到施工预算不突破施工图预算、施工图预算不突破设计概算、设计概算不突破投资估算的理想化成本控制实施过程。

5.开发建设投资效益统筹及管理模拟分析系统

开发建设领域投资非常巨大，涉及成本费用项目和数量非常繁杂，通过人工或简单的工具软件去完成包括项目投资测算、编制目标成本、预测现金流量、财务评价、过程动态控制等管理工作是专业要求门槛很高、执行困难较大并且准确程度有限的。用系统软件和计算机来解决这些问题正是优势之所在，而且真正能够动态考虑资金的时间价值，并且准确地进行运算和模拟。

未来新的专业模型系统可以从信息及大数据的角度，去分析、模拟、衡量开发项目，为投资决策、过程管理提供辅助支持与帮助。可以在拿地阶段进行地价测算、投资决策，可以编制目标成本、费用构成测算，可以进行开发进度模拟，可以对资金计划、现金流量进行预测和模拟，让净现值、内部收益率、投资回收期、动态成本这些衡量财务分析评价指标切实落到实处，真正可行，在建设前期通过进行全方位的评价，还可以在建设实施阶段与计划进行实时比对，指导建设以及运营过程。

6.探索合同履约信用互评新模式

随着"放管服"和优化营商环境向纵深拓展，咨询服务性行业中诸多资质资格相应取消，准入门槛大幅降低，招标投标合同备案也相应取消，改为加强事中事后监管。行政管理方式正在逐渐弱化，行业自律、市场信用管理将逐渐增强。

　　政府相继出台一系列措施推行信用或资信管理，鼓励行业协会开展相应的评价工作。协会作为行业的桥梁和纽带，一手依托政府、一手依托市场，在这个方面将发挥更加重要和关键的作用。在评价机制方面可以考虑通过建立开发建设全种类合同登记信息平台，将工程相关的各方主体和单位联系在一起，探索尝试应用履约互评机制，通过合作方主体之间最直接有效的评价来彼此约束，减少合同纠纷和违约责任，还能够在第一时间进行预警，为过程监管提供有利信息来源和途径，继而解决招标投标过程、施工过程履约资信和信用的问题。范围口径从项目开始至结束保证尽可能地统一，将住房城乡建设、工商、财政、税务等部门涉及信息登记、结算数据归档等问题形成整体的解决方案。

2010年，PAQS主席和新加坡工料测量师协会主席来访

　　实现工程建设项目全生命周期数据共享和信息化管理，为项目方案优化和科学决策提供依据，促进建筑业提质增效，就是要运用价值工程来衡量工程建设的投资效益。实现这一切需要从更宏观、更高效的角度去分析去衡量，需要利用计算机、互联网、大数据来实现全过程投资决策信息模型的设想，即从总投资的构成出发充分考虑资金的时间价值，对于工程项目进行财务评价等充分衡量，继而能在前期提供准确可靠的决策分析和辅助参考并且实现过程动态管理、实时修正。

　　工程造价三十余载的砥砺奋进为建筑行业的飞速发展做出了突出贡献，在下一个三十年中工程造价将向投资效益的提质增效而不断突破创新，以价值为导向塑造建筑业新业态，促进建筑业持续健康发展，助力打造"中国建造"新品牌。

　　　　　　　　　　　　　（作者单位：北京市建设工程招标投标和造价管理协会）

从马克思主义政治经济学的视角，
看工程造价改革实践

□ 于振平

马克思通过剖析早期资本主义社会的生产关系，创立了马克思主义政治经济学，揭示了资本主义生产和剥削的秘密，论证了资本主义周期性经济危机的客观规律，指出了垄断经济的社会危害性，为世界社会主义革命和社会主义建设指明了方向。《资本论》所阐述的价值规律，从正反两方面为我国市场经济的确立和发展提供了警示作用，是我国工程建设领域采用定额计价的理论基础。

中华人民共和国成立后，中国共产党在毛泽东同志的带领下，借鉴和学习苏联国民经济高速发展模式和经验，对适合中国国情的社会主义经济建设道路进行了艰辛探索，1950年颁布《中华人民共和国土地改革法》，废除地主阶级土地私有制，1952年完成城市土地全民所有制和农村土地集体所有制的改革，农业生产得到了快速的恢复和发展，为国家的工业化建设准备了条件。1953年引进了当时苏联计划经济的管理模式，集中力量发展重工业，实施"第一个五年计划"，到1957年先后建设了鞍山钢铁公司的无缝钢管厂、大型轧钢厂和七号炼钢炉等三大工程、长春第一汽车制造厂、沈阳第一机床厂、武汉长江大桥、川藏、青藏、新藏公路等重点工程，国民经济快速增长，经济结构发生了根本性变革，从事工程建设的专业施工队伍逐渐从工农业生产中分离出来，形成了专业化的建筑产业工人队伍。

1958年11月23日，全国人民代表大会常务委员会第一百零二次会议决定设立中华人民共和国国家基本建设委员会，作为国务院的组成部门，领导全国的工程建设工作，并按照计划经济管理模式，引进了当时苏联的工程概预算定额管理制度，国家对建筑产品的价格实行直接控制和干预，由政府部门对建筑工程所需人工、材料、机械设备消耗数量、单价等制定统一的定额标准，按照施工单位的行政隶属关系、所有制形式、资质等级等分别规定不同的人工单价和管理费费率、计划利润率等标准，有计划地分配建设项目和建设资金，在资源匮乏的新中国建设初期，保证了基本建设进度和施工单位规模有计划的协调发展。

　　"定额"作为管理手段由来已久，马克思在《资本论》中论述剩余价值时详细叙述了"徭役制度"中"工作日"的产生和发展过程，这里的"工作时"就是定额工日的概念，工程造价定额计价方式，是以社会必要劳动时间计量建筑产品的价值，定额工日的公平合理，是公平交易的基础。中华人民共和国成立以来，经过几十年

的不断完善，我国工程建设领域构建了一整套具有中国特色的工程概预算定额计价体系，通过适时调剂定额消耗量和定额费率两个因素，主动服务于工程建设领域建筑产品定价，为提高国民经济运行速度、维护社会稳定做出了很大贡献，这是马克思主义政治经济学中价值规律理论的实践和应用。

一、定额计价在不同时期都发挥了优化资源配置的作用

　　建筑施工是通过人类劳动把各种建筑材料等物化为特定建筑物的生产过程，由于建筑材料的广泛性和人类需求的多样性，决定了建筑施工过程

的复杂性，同样也决定了建筑施工成本的专属性，也就是说，没有两个成本完全相同的建筑物。

在计划经济时期，全国统一概预算定额，引入社会平均先进水平的概念，施工单位只有达到社会平均先进水平，才能获得计划利润，否则，技术条件差，经营管理水平和劳动生产率低的单位，就会出现经营亏损，配合计划经济科学的考核机制，让全社会的施工单位主动参与社会主义劳动竞赛，促进了劳动生产力水平的快速提升。

1983年，在社会主义市场经济体制改革开始以后，出现了非公有制经济的施工企业，工程造价定额计价模式进行了第一次改革，形成带有市场意味的地方定额，提出了"控制量，放开价，引入竞争"的改革思路，材料供应实行双轨制，管理费费率按工程类别确定，施工单位可以根据市场供求情况，在规定费率的基础上竞争报价，合理让利。

在以定额消耗量为计价基础的市场环境下，由于不同施工单位的技术条件、管理水平和劳动生产率高低存在差异，承揽相同的工程所耗费的个别劳动时间并不相同，确定工程造价时以定额消耗量作为评价指标，那些技术条件好，管理水平和劳动生产率高的施工单位可以给出更大的让利幅度，报价低，在竞争中处于有利地位；反之，技术条件差，经营管理水平和劳动生产率低的施工单位，报价高，在竞争中处于不利地位。定额计价方式能够"充分发挥市场在资源配置中的决定性作用"。

二、定额计价能够防止过度竞争和行业垄断，保证工程质量

2000年，《中华人民共和国招标投标法》发布，允许"经评审的最低投标价中标"，引起了工程造价计价方式的第二次改革，2003年，工程造价行业全面推行工程量清单计价模式，提出"统一工程量清单，统一综合单价费用构成，竞争报价"的改革思路，因为建筑产品存在设计标准、安全等级等非直观要求，决定了工程施工不能以造价最低为竞争目标，低于

成本的报价与倾销一样是违法的。工程量清单计价方式通过合理划分清单项目，把个性化的建筑产品分解成若干个标准化的生产单元，将单位工程划分为可比较的分部分项工程进行价格竞争，可以科学地核算每个清单项目的客观成本，进而评价项目的报价是否有效。

构成工程造价的各种因素价格，因市场供需关系的变动而变动，符合市场经济运行规律，正是这种价格围绕价值波动的规律，决定了定额计价方式在工程量清单模式下仍然可行。我国政府投资和国有企业投资项目，资金的全民所有制属性与施工企业追求利润的生存目的进行着博弈，投标最高限价仍然要按照现行工程预算定额和行业主管部门发布的材料价格信息等编制，为防止竞争不充分引起的垄断报价发挥了很好的作用。

2010年，第二届理事会理事长办公会

三、定额计价能够保障劳动者的利益，实现建筑产业工人所向往的美好生活

马克思主义的劳动价值论揭示了商品具有价值和使用价值二重性，价值是凝结在商品中的无差别的人类劳动，价值是形成商品交换价格的基础。但是，在建筑产品移交过程中，人们往往只关注建筑材料的品质好坏，而忽视了建筑产业工人的劳动，出现拖欠施工工人工资的问题。中国特色的定额计价和管理体系，在确定工程造价的同时，有效地提取了建筑产品中人的劳动价值量，为保障工人工资的支付提供了基础数据。

马克思主义政治经济学对于市场机制理论、信用经济理论、资本循环和周转理论、经济周期理论、平均利润率规律、虚拟资本与实体资本协调发展规律、收入分配规律等基本问题都做了科学的分析，许多观点在我国经济社会的发展中已经得到了验证，随着建材市场、劳动力市场、施工机械租赁市场等资源市场的逐步发展和完善，我国现行工程概预算定额本身存在着造价信息更新不及时、含量测算机制不够科学等问题逐步显现，也引起社会各界的关注和评论。

因此，"以辩证思维看待新发展阶段的新机遇、新挑战"，习近平总书记号召全党进一步学习马克思主义政治经济学理论。正视问题，肯定成绩，在建筑市场改革的浪潮中，工程造价咨询行业要放眼建筑产品价格形成的全过程，利用大数据、互联网、云计算等科技手段，对建筑产品的实体因素、地域因素、时间因素、竞争因素、工期因素、资金支付因素等进行全面分析，进一步改革和完善建设工程计价方式，通过建立更加科学合理的计量与计价规则体系，提升我国企业市场询价和竞争力，促进企业"走出去"参与国际竞争。

（作者单位：山东省工程建设标准造价协会）

计价遵规　报价有矩　调整守制　结算依法

□ 沈　萍

2017年，天津市建设工程造价和招投标管理协会参与了《天津市建设工程计价规则》课题工作。课题研究涵盖了工程计价、造价的确定与控制、招标投标、合同价款、竣工结算和争议处理等工程计价的主要方面，有利于建筑市场计价遵规，报价有矩，调整守制，结算依法，为建设项目各方提供了工程计价的共同遵循。

2010年，赴河北调研会员服务

一、研究目的

建设工程造价是完成一个建设项目所需费用的总和，它关系着建设工程质量和投资效益。工程造价管理是基本建设投资管理的重要内容和基础。在国家宏观经济调控政策及市场供求关系的影响下，建设工程造价构成中作为基础成分的建安工程造价即成为影响因素最活跃、变动幅度最频繁的部分。因此，工程造价管理的核心问题是规范工程造价计价行为，做好建安工程造价的动态管理问题。

在社会主义市场经济体系下，工程造价计价依据是建设项目从投资估算到竣工决算全过程中的重要依据。由于建筑市场涉及因素多，工程计价多次性、专业划分具体的特点，需要有一套完善的工程造价计价规则作为建设项目有关各方的共同遵循。

《天津市建设工程计价规则》课题的研究目的就是要解决好"施工企业与建设单位的工程价款纠纷、主管部门与有关各方监管和维护、价格调整与合同条款的规范、自主报价与约束计价行为的随意"这几个建筑市场的主要问题，以达到计价遵规，报价有矩，调整守制，结算依法，进而完善和规范建筑市场的目的。

二、研究范围和内容

以预算定额单价法确定工程造价，是我国采用的一种与计划经济相适应的工程造价管理制度。工程定额计价模式实际上是国家通过颁布统一的计价定额或指标，对建筑产品价格进行有计划的管理。国家以假定的建筑安装产品为对象，制定统一的预算和概算定额。计算出每一单元子项的费用后，再综合形成整个工程的价格。

编制建设工程造价最基本的过程有两个：工程量计算和工程计价。为统一口径，工程量的计算均按照统一的项目划分和工程量计算规则计算。工程量确定以后，就可以按照一定的方法确定出工程的成本及盈利，最终就可以确定出工程预算造价（或投标报价）。定额计价方法的特点就是量与价的结合。概预算的单位价格的形成过程，就是依据概预算定额所确定的消耗量乘以定额单价或市场价，经过不同层次的计算达到量与价的最优结合过程。

基于国内外工程造价的发展历程，结合我国工程造价管理实际，确定《天津市建设工程计价规则》课题的主要研究范围和内容如下：

1.工程造价计价方式。包括工程量清单编制、工程量清单计价和施工图预算计价等内容。

2.工程数量计量。包括单价合同的计量、总价合同的计量和工程价款调整等内容。

3.招标控制价和投标报价研究。

4.工程变更与索赔研究。包括工程量清单缺项、工程量偏差、赶工补偿和误期赔偿。

5.相关费用项目研究。包括措施费项目、规费项目和文明施工费项目。

6.合同价款研究。包括合同价款约定和合同约定内容。

7.竣工结算编制。包括竣工结算确认、竣工结算时限和结算争议处理。

实行工程量清单计价，是适应我国社会主义市场经济发展的需要。市场经济的主要特点是竞争，建设工程领域的竞争主要体现在价格和质量上，工程量清单计价的本质是价格市场化。实行工程量清单计价，对于在全国建立一个统一、开放、健康、有序的建设市场，促进建设市场有序竞争和企业健康发展，都具有重要的作用。工程计量与计价是正确确定单位工程造价的重要工作。建筑工程计量与计价是按照不同单位工程的用途和特点，综合运用科学的技术、经济、管理的手段和方法，根据工程量清单计价规范和消耗量定额以及特定的建

筑工程施工图纸，对其分项工程、分部工程以及整个单位工程的工程量和工程价格，进行科学合理的预测、优化、计算和分析等一系列活动。

建筑工程计量与计价是一项烦琐且工作量大的活动。工程计量与计价不能仅从字面来理解，认为只根据施工图纸对分部分项工程以及单位工程的工程量和工程价格进行一般的计算。工程计量与计价的准确性对单位工程造价的预测、优化、计算、分析等多种活动的成果，以及控制工程造价管理的效果都会产生重要的影响。其中一项基础性工作就是工程造价信息中的价格指数动态研究。

工程造价信息是一切有关工程造价的特征、状态及其变动的消息的组合。在工程承发包市场和工程建设过程中，工程造价总是在不停地运动

中、变化中，并呈现出种种不同特征。建设项目有关各方对工程承发包市场和工程建设过程中工程造价运动的变化，大多是通过工程造价信息来认识和掌握的。

工程造价指数是反映一定时期由于价格变化对工程造价影响程度的一种指标，它是调整工程造价价差的依据。工程造价指数反映了报告期与基期相比的价格变动趋势。在建筑市场供求和价格水平发生经常性波动的情况下，设备、材料价格和人工费的变化对工程造价及其各组成部分的影响日益增大。这不仅使不同时期的工程在"量"与"价"两方面都失去可比性，也给合理确定和有效控制造价造成了困难。根据工程建设的特点，编制工程造价指数是解决这些问题的最佳途径。以合理方法编制的工程造价指数，不仅能够较好地反映工程造价的变动趋势和变化幅度，而且可用以剔除价格水平变化对造价的影响，正确反映建筑市场的供求关系和生产力发展水平。

三、研究方法

政府部门适当监管是促进工程造价管理良性发展的保证，科学的计价模式是工程造价管理的基础。2017年4月，住房和城乡建设部发布的《建筑业发展"十三五"规划》明确了工程造价行业的主要任务：建立健全与市场经济相适应的工程造价管理体系，统一工程计价规则，完善工程量清单计价体系，满足不同工程承包方式的计价需要。由此，研究制定《建设工程计价规则》，即符合国家"十三五"期间工程造价发展战略，又能有效地弥补现行计价依据的不足，更有利于建设行政主管部门服务企业、服务市场、服务社会。课题研究方法及路径主要包括：调研国内各省市工程计价办法及应用状况；梳理国家及本市相关计价标准、计价规则；结合天津市各专业定额具体情况进行统筹分析对比；拟定简捷、适用的章节划分和规则布局；研究制定计价规则初稿及征求意见反馈单；召开专家组论证会，对规则初稿进行初审；根据专家组意见修改初稿，完成工作征求意见稿；根据征求意见稿反馈情况，修改完善课题报告。

四、应用前景

工程造价作为建筑市场活动中的计价环节，影响因素最活跃，变动幅度最频繁，对其制定计价规则无疑是一项重要的工作。工程造价管理的核心问题是规范工程造价计价行为，做好建安工程造价的动态管理。高效的成本控制，不仅能够为施工项目节约施工成本，还能够合理利用相关资源，将各项资源的价值发挥到最大程度，进而节约更多的社会资源，推动经济社会不断发展。

2020年7月，住房和城乡建设部印发的《工程造价改革工作方案》提出：要改进工程计量和计价规则。坚持从国情出发，借鉴国际通行做法，修订工程量计算规范，统一工程项目划分、特征描述、计量规则和计算口径。修订工程量清单计价规范，统一工程费用组成和计价规则。通过建立更加科学合理的计量和计价规则，增强我国企业市场询价和竞争谈判能力，提升企业国际竞争力，促进企业走出去。

《天津市建设工程计价规则》研究的目标是计价遵规、报价有矩、调整守制、结算依法；规则的作用体现在协调施工企业与建设单位的工程价款纠纷、做好主管部门与有关各方监管和维护、加强价格调整与合同条款的规范、防止自主报价与计价行为的随意。课题研究符合住房和城乡建设部《工程造价改革工作方案》提出的改革工作主要任务。相信在未来的工程造价改革工作中，工程造价管理将继续沿着坚持市场化改革方向，通过改进工程计量和计价规则，使工程造价市场形成机制得到进一步完善。

（作者单位：天津市建设工程造价和招投标管理协会）

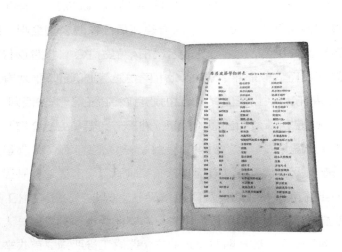

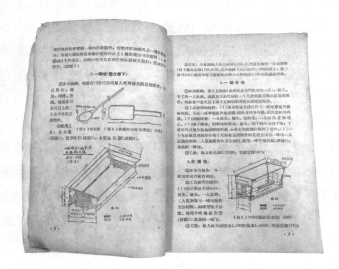

周到咨询 放心服务 创新发展

□ 王建忠

1990年，中国建设工程造价管理协会成立了，春华秋实30载，回顾往事，历历在目。上海建经投资咨询有限公司（以下简称"上海建经"）伴随工程造价行业改革发展，我们时刻感受着行业的创新与发展。2003年，获得了"全国工程建设标准定额工作先进集体"的奖项；2007年，工程签证理论与实务体系，获得中价协优秀项

目一等奖；2012年，工程技术经济分析中类似比较法的创立与运用获得中价协一等奖等奖项和荣誉。上海建经始终坚持周到咨询、放心服务和创新发展，企业以品质至上、精益求精为宗旨，积累和总结了多项专业的理论，并分类开发了相应软件。

一、类似比较法与工程技术经济分析

1.对工程造价咨询成果的再开发

一是成果资源的有效利用。从事工程造价咨询业务，整天沉浸在工程项目的造价问题堆中。我们已经完成了数以千万计的工程项目，但是很

少真正地将工程造价咨询成果沉淀下来，使自身受益，让后人乘凉。我们的劳动，在方法上、手段上、劳动工具上都得到了改进，但是成果不能像滚雪球那样发挥递进的作用，甚至被搁置、被渐忘，成果信息不能被延续地递进发挥最大的效用是十分可惜的。二是事半功倍之举。将工程造价咨询成果当作资源来再开发，是事半功倍之举。记得在强调工程造价定额化的20世纪80年代初，当时要在三省一市十个城市开展19个相同建筑装饰标准，规模各异的工程，迅速地作出准确的投资估算，正是运用横向类比的方法得以完成的。类似比较法在工程造价咨询中的作用是巨大的、神奇的，它可以有效地解决造价咨询对象的差异价格，纵向年代跨越、横向不同地域的价格修正，并可用于造价咨询成果准确性的控制验证等，而不受工程造价价格体系差异的约束。

2.类比法应用的基础

类比法在工程造价咨询成果的享用上是十分简便有效的方法，它的有效使用是以信息数据的有效处理为前提的。这种处理具有两个特征，其一是信息处理的完整性，促使被处理信息服务于类似工程比较范围的广阔性；其二是大大压缩类似工程造价信息的处理量，体现出快速准确地预见、确定工程造价的作用。

3.类比信息资料的内容

类比信息资料的基础是基础参数，基础参数来源于项目工程造价信息资料库。类比信息通过类比案例的类比元与类比项目接驳，并通过有效的接口换算，通过类比取得类比项目的工程造价结果信息。

一是基础参数信息资料库。（1）工程总体特征信息资料，包括：整个项目的特征或单位／单项工程的特征。（2）建筑特征分类指标信息资料，包括：单体建筑特征和总体建筑特征。这两个特征是不同时出现的，也就是说类比案例可以是建筑单体，也可以是整个项目工程，前者精细，后者粗略，适用不同。

二是类比元信息库。该库拥有大量可供类比换算的信息资料，主要包括总体特征类比元、分类指标类比元和消耗指标类比元等。对于两个项目在可以方便地了解到单位消耗指标类比信息时，可直接运用材料消耗类比元求得类比对象的材料消耗指标，根据其所占造价的百分比的类比接口即可求得其工程造价。这对于很难组织其他特征指标类比元的工程，不失为求取工程造价的有效途径。因此单位消耗指标类比元在实际中运用十分普遍，但如果相应的其他约束修正条件不明确，或准确的类比接口换算元不匹配，往往会影响到类比换算的结果精确度。

三是类比信息接口信息库。比如就某项目来说，建设地点同在上海市，但一个在中国第三大岛的崇明县，另一个在隔江对望的宝山区，前者地方材料价格较低廉，后者钢材水泥等材料相对价格较低，这就构成了总体工程地点不同的类比元。同类工程可根据单位建筑的消耗指标加权计算出其类比价差。这些是工程本身没有差异而因地域不同引起的材料价差，属于地区不同需要类比换算以后接驳确定的造价部分。

2011年，中价协专业（工作）委员会会议

凡是类比对象与类比案例之间不存在工程量、建筑标准等实体的差异，不需要作实体类比换算，而引起的工程造价属性的差异均属于类比信息接口处理的范围。类比换算接口的作用在于，在更大的范围内类比沟通工程技术经济信息，激活类比案例、服务类比对象。

二、弘扬中国造价文化

1.工程签证在中国造价文化中的普及性

一是大众专业文化，签证行为的广泛基础。工程签证涉及面宽，参与者广，具有广泛的实施基础，属于广大施工企业中的大众专业文化范畴。

二是更好地发挥工程签证行为作用的时间已经成熟。在中国有数千万建筑大军，每年涉及工程签证价款数千亿元，工程签证普遍存在。在工程索赔与工程签证交融的今天，更多的选择还是工程签证。

2.工程签证的背景文化及其作用

一是工程签证理论的背景是传统的中国造价文化。工程签证是具有中国特色的特殊的施工发承包核心行为之一，具有较浓厚的中国造价文化的特点。

二是再谈工程签证的作用。工程签证行为在中国被广为运用，在现阶段中国的施工发承包过程中是必不可少的，尽管近二十年以来的施工发承包推荐示范合同文本中均无工程签证之说，只有大家听来熟悉处理生疏的工程索赔。在发承包双方签订的合同中虽难觅工程签证的踪影，但由于工程签证快速有效地解决施工发承包中的一系列问题，动态弥补了大量的施工发承包合同等的缺陷，甚至对建设项目客体生来具有的缺陷的弥合，起到了非其莫属的作用。

由于工程签证行为的特点，它可以在委托代理人平台上，通过签认证明的形式，高效解决施工过程中在限额范围内各种行为的涉款事件，促进了各种不同的有争议施工行为的高效协调和快速解决。

3.工程签证理论与实务体系中的法律问题

一是强调合同约定。工程签证有着广泛的发承包行为基础，但目前施工合同的示范文本中还没有关于它的条款。对于工程签证行为的准则要求，责任被追究后的承担等需要发承包双方在施工合同专用条款中约定，明确双方对合同价款之外的责任事件签认行为的约定，形成合约双方处理工程签证的法律依据。

二是强调行为责任的承担原则。工程签证行为的核心，强调的是责任原则。而且，工程签证行为是建立在技术核定、业务联系、设计变更、设计修改、图纸会审等与施工发承包相关的行为之上的行为。这些行为如果没有形成合同价款之外的费用，追究责任就没有意义，也就形成不了工程签证。这些行为如果产生了费用但是承包人的责任，也形成不了对发包人的工程签证。只有形成了合同价款之外的发包人承担的责任事件才会形成对发包人的工程签证价款。因此，明确工程签证涉及的相关行为责任显得特别重要。

三是工程签证行为的法律地位。工程签证行为在最高人民法院《关于审理建设工程施工合同纠纷案件适用法律问题的解释》第十九条规定中，已经将施工过程中形成的签证作为解决争议的依据。国家标准《建设工程量清单计价规范》GB50500将现场签证（工程签证的内容之一）作为新增纳入其中。但至今在法规及规范性文件层面上还未出现过工程签证的相关内容，施工合同的示范文本中也无相关内容。工程签证的理论与实务体系已经基本完善，可以搭建进一步规范的平台，使工程签证能促进国家基本建设更顺利进行。

三、展望未来，融合创新

2011年，时任住房和城乡建设部标准定额司司长王志宏出席工程造价咨询统计工作会议

30年来，工程造价行业为促进社会经济建设发展发挥了重要作用，今后，在我国工程建设走出国门的同时，诸如工程签证等一系列中国造价传统文化的专业随之而行，步入新的发展阶段，将实现中西造价文化的有机合璧。上海建经在形成计算机软件原创基础上，努力实现各项软件创新发展，继续书写企业的使命。

（作者单位：上海建经投资咨询有限公司）

工程造价计算工具的演变

□ 岳　辰

20世纪50年代中期，我国借鉴苏联经验，逐步建立起适应当时计划经济需要的概预算定额制度。在工程造价行业发展历史中，随着社会的发展和科技的进步，工程造价计算时所运用的工具，也经历了从简单到复杂、从低级向高级的发展变化。

一、手写笔算

"计划经济时代，算造价也没有其他方法，就是一点一点地去算，用笔记录在纸上，一算就是好几个月。那些计算过程的纸，四处堆的满满都是。"

20世纪50年代，我国建筑以造型简洁、注重功能、经济合理为主，没有装饰或仅用少量装饰。同种类、同功能的建筑，一般采用相似甚至相同的设计图纸，且人工、材料、机械等价格由国家统一规定，建设产品价格是通过计划分配建设工程任务而形成的计划价格。当时的造价工作需要耗费大量人力、物力、时间，以手写计算的方式，完成计算、复核、反复核等工作环节，得出最终造价成果。

二、翻飞的对数表

"对数表基本都是用8位的，暗红色的封皮，还不一定能人手一本，就像是字典、词典一样，用不好会被同事笑话。运算时，整个屋子就是翻动对数表的哗哗声，还有铅笔在纸上记录的沙沙声。"

对数表是于1617年由布里格斯（Briggs，H.）公布，通过计算得出从1开始各个整数的对数，所编排而成的表格。对数表作为造价工作计算手段较为匮乏时所运用的辅助运算工具，通过查询常用对数数值，在一定程度上减少了造价人员的计算工作量，但因其本身为"工具书"的使用方式，仍需要多名造价人员耗费较长时间进行大量复核计算，整体工作效率依旧不高。

三、左滑右滑的算尺

"大多数用的都是直算尺，也有圆形的圆算尺。对我们来说，算尺就像现在的计算器，左滑右滑一下，能省下不少时间，也避免了计算上的不少错误。"

对数表应用一定时间后，算尺也被引入到造价工作中，与对数表配合成为造价运算辅助工具。算尺即对数计算尺，常见精度是小数点后3位，这与多数工程公式所用的数据是相符合的，通常由三个互相锁定的有刻度的标尺和一个滑动游标组成。算尺用两个对数标度，通过把滑动杆上的记号和其他固定杆上的记号对齐来进行运算，观察记号的相对位置来读出结果，以此进行既费时又易出错的常见运算。

四、计算机初现

　　"最开始的电脑都是DOS系统，整个单位也就那么一台，之前见都没见过，更别说用了。但是这计算机好使呀，把数字敲进去，它自己就能算出结果来。"

　　自我国实行改革开放以来，工程建设规模逐步扩大，对数表、算尺等辅助工具逐渐被计算器取代，而后，计算机也以高准确率、高运算效率展现其作用。从最早的夏普（型号1500）、长城（型号0520）到奔腾286、386、486，造价人开始在人工手算的传统工作模式中，尝试利用计算机代替其中一小部分计算工作。在工程造价运算工作中使用计算机，是造价工具向现代化、智能化发展的标志。

五、牢基础的工具软件

　　"最开始有的都是很简单的工具软件、辅助软件，在算量算价上帮你运算，或者简单地查询一些定额。刚刚兴起嘛，没有现在的造价软件这么智能、全面、便捷。"

　　随计算机、计算机软件技术发展，适用于工程造价行业的工具软件、辅助软件逐渐面世。这类软件多专注于在工程造价运算过程中某一环节或某一道工序中起到辅助作用，虽然功能较为单一，技术水平普遍不高，但工具软件、辅助软件的出现，为日后的造价智能软件积累了经验，明确了发展方向。

六、逐步智能的造价软件

"从造价软件出现到普及，可以说是降低了造价行业的入门门槛，让更多的年轻人能够进入这个行业，也为造价咨询企业省下了很多人力成本。"

近年，计算机软件技术发展迅速，造价软件出现并不断迭代更新。软件功能愈发成熟、便捷、全面，在工程造价工作中的覆盖面也越来越广。因智能化程度的不断提高，将工作机制由"人工录入、被动执行"，转变为"数据联动、逻辑运算"，在一定程度上降低了造价专业工作难度，使造价专业人员摆脱了大量基础计算工作，基本能够代替人工完成复核、反复核等低价值高耗时工作，向专业化、高价值方向逐步转型。

七、未来展望

"未来一定是与云计算、物联网、大数据、5G通讯、人工智能等高新科学技术有关。"

在未来，造价运算工具作为"造价专业工作辅助"的本质不会改变，但应以高新科技技术为基础，由传统意义上的"工具"蜕变为"助手"，以标准化、数字化帮助行业持续发展。

标准化是指与建设工程造价标准体系相适配，注重普遍性与特殊性相结合。即在遵照国家标准、行业标准、地方标准、团体标准、企业标准五层标准体系的基础上，建立应以"人"为主的特殊性，为打造工程造价咨询个性化服务提供帮助。

数字化是指将工程造价与云计算、大数据、人工智能等相结合，将造价工程师从繁复的算量计价工作中解放出来，进一步提高工作效率，减少人为导致的工作纰漏。数字化的核心任务是得到贴近市场价格和真实成本数据，可注重探索以下问题：一是探索稳定数据的来源与渠道；二是探索数据产生的基质与方法；三是探索提高数据含金量的方式与手段。

工程造价的革新与国家经济体制改革是密不可分的。改革开放以来，因为国内、国际整体环境变化，技术不断进步，计价依据逐渐市场化，算量计价手段智能化等诸多因素，工程造价咨询行业面临重大变革与机遇。我们造价人自当不断提高专业技术，掌握好最新算量计价手段及工具，以匠人精神奋发拼搏，开创新局面。

（作者单位：中国建设工程造价管理协会秘书处）

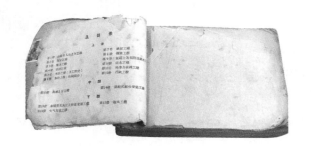

砥砺奋进谋发展　蓄势扬帆再出发

□ 龙达恒信工程咨询有限公司

中国建设工程造价管理协会伴随着我国经济体制改革走过了30年的发展历程。30年来，乘改革春风，我国工程造价行业以创新为动力，在改革中求进步，在开放中求发展，促进了我国工程造价咨询事业的腾飞和进步。30年砥砺奋进，中价协在改革中不断发展壮大，龙达恒信工程咨询有限公司（以下简称"龙达恒信"）也在行业

2012年，出席国际造价工程联合会（ICEC）第八届大会

的关怀引领下实现了企业的持续、健康、快速发展。

2003年10月，龙达恒信成立，四位意气风发的年轻人在一间不到60平方米的办公室里，怀揣着在祖国工程造价领域建功立业的梦想，开启了艰苦创业的奋斗历程。龙达恒信凭着敢拼、敢闯、敢干、敢担当的不服输精神，逐步发展成为具备全过程工程咨询能力，拥有工程造价咨询甲级资质、工程招标代理甲级资质、政府采购代理甲级资格、中央投资项目招标代理资格、财政部财政投资评审资格等国家级资质，在省内乃至全国具有较强影响力和市场竞争力的综合性工程咨询企业。

一、抓规范，向精细化管理要效益

1.落实国家及行业政策法规，筑牢制度保障

为适应建设工程管理体制改革以及建设市场发展的需要，总结我国工程建设实践，中价协根据住房和城乡建设部有关要求，相继参与或主导了一系列有关工程造价管理法规制度的制订与完善工作，引导行业制度化、规范化发展。2006年12月，在建设部标准定额司举办的"中国工程造价咨询行业发展论坛"上，中价协提出"转变观念、创新服务、扎实工作、稳步发展"的主题报告，分析了咨询行业发展所面临的新形势，指出了工程造价咨询行业的发展方向，为企业做大做强和可持续发展提供了战略依据。

制度化、规范化管理是企业发展的"基石"。龙达恒信将企业成长的目标与行业发展相融合，按照"科学、规范、效益最大化"的原则进行了大刀阔斧的改革，相继制订了28项管理制度，以确保公司的一切业务有法可依、有章可循。公司严格执行《中华人民共和国招标投标法》、住房和城乡建设部《关于印发〈2009工程建设标准规范制订、修订计划〉的通知》《建设工程造价咨询规范》《建设工程造价咨询成果文件质量标准》《建设项目投资估算编审规程》《建设工程招标控制价编审规程》等国家和行业法律规章。各项规章制度的建立和完善，形成了严格规范、科学严密的管理体系，为龙达恒信公司的规范化发展奠定了基础。

2.开展信用评价体系建设，以信誉求发展

为贯彻落实国务院、住房和城乡建设部关于社会信用体系建设的工作部署，加快推进工程造价咨询行业信用体系建设，进一步完善行业自律，中价协于2016年在工程造价咨询企业中全面启动信用评价工作。并先后完成了《工程造价咨询企业信用评价管理办法》《工程造价咨询企业信用评价标准》《工程造价咨询企业信用评价委员会管理办法》及《工程造价咨询企业信用评价试点工作实施方案》等制度建设。如，将建立质量检查制度列入部标准定额司和中价协2016年工作计划；"四库一平台"的建设大大降低了企业填报数据的工作量。这些系统性的制度建设，为行业信用评价工作的开展打下了良好的基础。

信用评价工作是贯穿项目全过程全周期的工作，关乎企业发展大局，也关乎公司和各级管理技术人员的切身利益，龙达恒信坚持把"专心做好工程咨询事业，诚信服务客户，富强我的祖国，为中华民族崛起和世界和谐发展而努力奋斗"作为企业的发展使命，积极开展信用评价工作，并于2016年首批获得全国"工程造价咨询企业ＡＡＡ级信用评价单位"，提升了企业社会公信力。

3.坚持"三高一满意"服务，树企业良好形象

客户满意是客户对企业和员工提供服务的直接性综合评价，是客户对企业综合服务和员工的认可。对企业而言，如果客户对企业的服务感到满意，客户也会将他们的消费感受通过口碑传播给其他的顾客，形成新的"以商招商"从而扩大企业的知名度，提高企业的形象，为企业的长远发展不断注入新的动力。

2012年，参加亚太区工料测量师协会第十六届年会

龙达恒信坚持"三高一满意"服务理念（即业务高质量、工作高效率、服务高水平、客户真满意），宁为价格解释一阵子不为质量解释一辈子，对员工开展的各项工作要求事事有流程，件件有标准。根据住房和城乡建设部、行业协会有关标准规范，公司结合自身实际总结梳理了260余项标准流程，形成了涵盖公司管理、业务开展、项目实施、招标投标、市场营销等在内的标准化作业流程，提高了工作效率、提升了服务质量，促使公司的业务量逐年增多，业务范围不断扩大。公司先后参与了长江三峡工程、南水北调东线建设、西电东送、青岛海湾大桥、新建济南至青岛高速铁路、北京大兴国际机场、桂林两江国际机场、第十届全运会场馆及配套设施建设项目等一大批国家、省、市重点建设项目的咨询服务。这些举公

司之力参与服务的重点项目，使龙达恒信的综合服务能力得到了全面检验和快速提升。

二、重融合，开门搞经营共谋发展新路径

1.在开放交流中寻求发展先机

把融合发展上升为国家战略，是习近平总书记从国家发展全局作出的重大决策，是应对经济发展新常态、赢得国家战略优势的重大举措。为贯彻落实中央和部委有关开放融合发展的要求，中价协从2013年到2019年相继举办了七期企业家高层论坛，由于论坛主题鲜明，均结合历年专业热点进行研讨、互动交流，吸引众多企业家参与，为推动全国造价咨询事业健康发展积累了可复制、可推广的经验。龙达恒信也在积极参与行业交流中开阔了视野，拓展了人脉、提升了发展空间。

近年来，我国经济由高速增长阶段转向高质量发展阶段，工程造价作为建筑市场最基本的经济活动，其工作事关项目投资效益、建设市场秩序以及各方利益，是保障建设领域高质量发展的重要基础。围绕高质量发展的总体要求，中价协勇挑行业重担，以引领者的姿态，深度推进工程造价管理供给侧结构性改革，带领工程造价咨询企业积极探索工程造价在全过程工程咨询中的关键作用，结合行业特点，发挥专业优势，拓展服务内容和服务范围，引导成本咨询、技术咨询和管理咨询的紧密结合，为企业向高质量发展寻求路径。如，2016年至2018年中价协在全国各地先后组织开展了11期"企业开放日"活动，作为行业的一份子，龙达恒信成功举办了6期，来自全国各地的企业家、工程造价人士，在一起交流思想、碰撞火花，汇聚国内工程咨询界最前瞻的思想，促进了行业繁荣，为公司发展注入了活力。

2.借力"一带一路"打造全国服务网络

为主动应对全球形势深刻变化，国家统筹国内国际两个大局提出"一带一路"倡议，对国家经济社会发展和工程建设领域产生了重大而深远的

影响。中价协以精诚团结的协作精神，合作共赢的发展理念，致力于提升工程造价咨询行业的国际地位和影响力，积极引导企业加强与工程造价国际组织的交流与合作，深度参与"一带一路"沿线国家和地区重大项目的规划和建设，创造多种平台和渠道，将国内的优秀企业、专业人士推向国际舞台，推动工程造价事业向高质量发展。龙达恒信顺势而为，成功在北京、天津、河南、辽宁、海南、四川、贵州、宁夏、甘肃、内蒙古等30多个省、市地区设立分支机构，构建起覆盖全国、面向全球的服务网络，并成功参与服务了印度电钢、苏丹安保学院、阿联酋迪拜世博会中国馆等多个国外建设项目。

从"把工程咨询事业做到极致"的初心，到"创建世界一流的工程咨询企业"的宏伟愿景，无论前路何其艰险，行业风云如何变化，龙达恒信始终没有停下前进的脚步。这不仅体现着龙达恒信人专业的服务理念，更体现了其对行业精神的坚守。也因此，公司成功与国内多家知名地产商结成战略合作关系，推动了公司的高质量发展。

2013年，时任住房和城乡建设部标准定额司副司长宋友春来协会调研指导工作

三、守初心，发展不忘来时路

习近平总书记指出："无论我们走得多远，都不能忘记来时的路"。这为我国工程造价领域在新时代坚定不移走好新长征路指明了方向。按照中央及住房和城乡建设部有关要求，中价协积极引领行业进行廉洁自律建设、精神文明建设和作风建设；深入开展"不忘初心、牢记使命"主题教育活动；积极履行社会责任，提高了社会各界对工程造价领域工作的满意度。

1.扎实开展主题教育活动

龙达恒信坚持党建统领、融合发展，按照中价协"有主题、有目标、有安排、有记录"的"四有要求"，健全"三会一课""主题党日"、民主评议党员等党内组织生活常态化机制，结合公司特点扎实开展"不忘初心，牢记使命"主题教育活动，深入学习贯彻落实党的十九大和十九届二中、三中、四中、五中全会精神以及习近平总书记新时代中国特色社会主义思想，为公司发展不断倾注动力，激发活力。

2.积极履行社会责任

在中价协积极引领下，龙达恒信秉持"活着就要感恩"的理念，积极投身社会公益慈善事业，相继开展扶贫助学、文化捐赠、志愿者服务，向汶川灾区捐款、赞助全国高等院校斯维尔杯建模大赛等社会公益活动，2019年为山东省慈善总会捐款20万元。公司被当地评为脱贫攻坚先进单位、财税贡献先进单位。

3.共克时艰战疫情

在应对新冠疫情的防控工作中，全国工程造价行业认真贯彻习近平总书记重要讲话精神，认真落实民政部关于"全国性行业协会进一步做好新型冠状病毒肺炎防控工作的指导意见"中，行业协会要在打赢疫情防控阻击战中发挥积极作用的要求，主动担当，积极作为，在部署和做好有关疫情防控工作的基础上，造价行业上下万众一心，勇担社会责任，以捐款、捐物、志愿服务等不同形式投入到这场疫情防控的阻击战中。作为协会的一员，龙达恒信在全力做好内部防控工作的同时，通过向驻地红十字会捐款20万元，慰问一线防控干部职工，鼓励员工带薪参加志愿者服务等形式，积极支援驻地疫情防控工作。

时光不负有心人，祖国在发展，行业在进步，我们在提升，客户在收益，我们不负时光，共同成长。回首过往，是祖国的强大、行业的发展为我们提供了一个广阔的发展空间，才有了企业光辉灿烂的今天。相信经历过风浪考验，满怀梦想的工程造价人一定会在协会的引领下，以更加矫健的步伐和自信走得更远。

一路风雨一路歌

□ 青岛习远咨询有限公司

时光荏苒，中国建设工程造价管理协会已经成立了30年。30年栉风沐雨，30年春华秋实，协会在探索中成长，在发展中壮大。作为协会的一员，青岛习远咨询有限公司（以下简称"习远"）也迎来自己的20周岁生日。

20年时间，如同一个蹒跚学步的幼童成长为一个英俊健壮的青年，习远伴随着中价协，走过了不同凡响的

发展历程，由当初的几人团体变为现在近600名员工的综合性咨询公司。回顾企业的发展历程，每一步都是紧随着国家及行业协会的脚步。以党建为引领，以市场发展为导向，积极响应国家改革和发展的战略要求，合理利用企业内外部优势资源，从而促进企业的发展。20年风雨兼程，创新求变，习远在市场经济的大潮中劈波斩浪，勇立潮头，在工程造价咨询行业书写了绚丽的篇章。

一、以市场为导向，以数字化、信息化技术做支撑，开拓业务板块

2001－2002年，中价协按照国务院要求，推进工程造价咨询单位与政府部门的脱钩改制工作，习远积极响应国家及行业协会的号召，完成脱钩改制，成立青岛建航造价咨询事务所，由审计工作开始做起，稳扎稳打，一步一个脚印，不断积攒经验。2015年，公司提出了顾问服务，并成功中标了青岛海天中心项目的成本管控顾问服务。作为青岛的项目，海天中心项目是涵盖超高层建筑及五星、超五星酒店、办公、会议、精品商业、艺术观光、高档公寓七种业态的大型综合体。公司在项目设计阶段、招标阶段突破了服务界限，采用动态成本管理，全要素的施工动态合同管理实现与目标成本的全面差异分析，同时利用BIM、大数据等信息化手段实现了项目成本数据库建设，搭建了超高层、五星、超五星、商业、高档公寓等大型综合体的成本知识库。知识库的建立，是习远占据超高层建筑成本管控服务的绝对优势，目前青岛市超高层服务习远占据70％以上的比例，这都与企业的创新性突破有着重要的关系。

2015年，习远还根据发展需要组建了PPP调研团队，通过PPP与信息化的结合，开启了公司的PPP咨询业务，仅用了半年的时间，就实现了从无到有，从0到1的发展。PPP咨询服务作为一项国家推行的创新业务，对于公司来说，每一步都需要公司团队自己去摸索实践。因在业内经验与案例较少，在实践过程中，不免会有失误，面对客户的批评与指责，当时的项目负责人李璐霞觉得委屈，但是她性格之中的那股不服输的韧劲也让她很快地打起精神。为了项目的推进，她利用自己可以利用的一切资源去纠正错误，去探索方向，最终她凭借着敢打敢拼的韧性与高品质的服务使公司在市场上获得了认同，PPP业务逐渐发展，涉足领域逐渐扩展至18个，半年时间就实现山东区域遍地开花。其中荣成市付费综合处理与应用产业园项目开创了从源头到终端治理的城市固体废弃物系统化处理模

式，探索采用PPP模式运作，成功入选财政部公布第三批国家级PPP示范项目。

随着公司规模的扩大，业务范围也不断拓宽，作业人员不断增多，公司提出了以数字化、信息化建设来支持公司工作的要求，于2016年成立了信息化技术团队，将信息化咨询服务作为创新产品推向市场，为客户提供专业的咨询服务。公司承接的大连湾海底隧道项目是目前世界上单孔跨度最大、结构外包尺寸最大的沉管隧道，也是中国交通建设史上继港珠澳大桥之后的又一项技术条件复杂、环保要求高、建设要求及标准极高的跨海交通工程，同时也是公司自成立以来承接的规模最大的隧道项目。为完成项目，公司整合内外部资源，利用BIM和GIS技术为大连湾海底隧道和光明路延伸工程量身打造了PPP项目可视化管控平台，实现关键要素管理可视化，降低了投资风险，提升了信息利用价值，实现了管理降本增效和关键技术知识的沉淀，获得了业主的好评。

2013年，出席国际工程管理协会（AACE）第57届年会

按照国家发展规划要求，根据市场变化及企业发展需要去变革创新是公司这些年来一直坚持的发展方向。21世纪，大数据、人工智能逐渐成为趋势，习远顺应潮流，以信息化和数字化作为手段，不断提升业务能力，站在客户角度及企业发展角度，不断提高服务水平和业务能力，推动了工程造价行业的发展。

二、完善企业文化理念，做负责任的企业，打造优秀企业品牌

作为咨询行业的一员，习远始终重视责任担当和专业成长，遵循国家法律法规，遵守协会章程，向员工传递"力行勤习，道合泽远"的价值

观，引导员工在工作中要全情投入、吃苦耐劳，培养了一批批出色的习远人。2013年，公司接了莱西拆迁评估业务，业务量很大，时间又紧，公司紧急抽掉各部门人员组成评估小组。在一年里最严寒的那一段时间，大家穿着最厚的羽绒服和军大衣，在村子里不停地穿梭，猪圈里刺鼻的味道与冻得通红的手脚都没有阻止习远人前进的脚步。大家白天进村评估，晚上熬夜做表，在那段时间里，大家每日都会互相鼓励，互相关心，团队合作所带来的力量战胜了冬天的严寒与工作的疲惫，让彼此感受到了家人的温暖。

习远始终以客户需求为导向，关注客户的中长期利益，致力于提升客户和项目价值。在为客户服务及与合作伙伴的合作过程中，公司始终提倡真诚奉献，尽职尽责。2015年6月，业主方委托公司进行胶州新机场航站楼项目总包范围的清单控制价编制，要求在16天时间里完成单体48万平方米公共建筑的编制任务，这意味着编制时间只有常规的30％，面对着人员、技术、组织等带来的极大挑战，习远人有着不服输的精神与毅力。本着对客户负责的态度，习远进行流程改革与升级，在项目统筹、组织管理、技术管理、信息沟通等多方面进行了调整，通过整体规划，倒排工期，设置里程碑等等一系列的措施来确保计划的有效落地。团队保证每天下午5点准时汇总问题，晚上9点项目例会及时解决，并随时保持与业主方的沟通，以保证进度节点的可控性。最终，通过大家共同努力，项目组第11天完成各专业初步文件、第14天完成各专业复核、第16天完成成果汇总及总说明编写，按期提交了高标准的咨询成果，赢得了业主方的高度认可。后续公司又受邀参加了总承包施工合同文本审查、地铁高铁地下穿越航站楼方案选型研讨等专家会，还提供了飞行区、市政区及航站楼等部分内容的全过程造价咨询服务。习远在秉承着对客户负责的理念的同时，通过不断提升自我来共筑企业幸福家园。

作为一个有责任有担当的企业，习远在追求自身不断发展的同时也不忘回馈社会。习远人一直以"共筑幸福家园"为使命，长期开展各类公益活动。2019年年底，习远在崂山区成立了"苔花基金"，向崂山区红十字会捐款30万元，该基金秉承"人道、博爱、奉献"的红十字精神，遵循"守初心，汇聚公益力量；担使命，共筑幸福家园"的宗旨，主要用于公益教育事业和困难群众救助。

2020年年初，新冠肺炎疫情在全国蔓延开来，在党和国家的正确指导下，中价协快速响应，严格遵守防疫的有关规定，积极做好疫情防控工作，保护职工的安全与健康，同时号召并组织部分地方造价协会及会员单位进行捐款，为共同抗击疫情贡献力量。习远也在第一时间积极响应，及时掌握职工动态，建立跟踪报备机制，并根据需要安全有序地安排职工复岗。在多数企业不断裁员降薪的环境下，习远始终坚持对员工负责，坚持对社会负责，即使面对疫情，也从未拖欠或减少一名员工的薪资，除此之外，公司还响应中价协的号召，积极组织公司员工及党员进行捐款，充分显示了习远的责任与担当。

2013年，工程造价行业信息化发展研讨会

三、以党建为引领，加强人才培养，为行业发展贡献力量

与国际上从事造价咨询的复合型、专业型技术人才相比，我国工程造价咨询领域从业人员整体上存在知识结构不完善、工程经验不够丰富等不足。针对这一情况，优化人才知识结构，提升人才素质，拓宽人才渠道成为促进企业及行业发展的重要条件。习远更加重视人才储备与培养，在鼓励企业员工参与协会教育培训之外，还通过合理的培训及考评、激励机制，培养高素质的专业人才。

与企业人才队伍培养相结合，公司党委以关注基层组织为重点，提出了"把党员培养成骨干，把骨干发展为党员"的思想，将党建与公司中心工作深度融合，积极组织公司党员及员工参加中价协及地方造价协会的活动，2019年中共青岛市工程建设标准造价站支部委员会联合青岛市工程建设标准造价协会组织了工程造价咨询行业"不忘初心　牢记使命"党建知识竞赛和"我和我的祖国"诗歌朗诵比赛，公司积极参与，习远党委及员工个人分别荣获了二等奖的好成绩。除积极参与协会活动外，党委也在企业内部开展了活动，如组织征文活动，回忆员工在公司成长的点点滴滴；开展"奋斗新时代"主题竞赛，通过竞赛发挥党员先锋模范作用，同时选拔优秀骨干，在公司营造浓厚的竞赛及学习氛围，为企业发展奠定扎实的人才基础。

　　荣誉承载过去，开拓旨在未来。回顾20年的发展历程，是为了更好地牢记使命，坚定信心。习远将继续以"咬定青山不放松"的坚韧来面对之后的路，为成为"国际化的综合性咨询机构"的企业愿景而努力，面对未来，习远制定了合理的发展规划，虽然可能前路坎坷荆棘，但我们依然满怀信心。

变革创新，探索造价企业发展之路

□ 捷宏润安工程顾问有限公司

30年以来中国建设工程造价管理协会引领造价咨询企业积蓄力量，奋斗不息；30年来，我们初心不改，诠释使命；30年来，我们进取创新，千帆竞发。

创新是推动市场经济的重要因素，企业的创新能力直接影响到行业的发展，甚至影响到国家的经济竞争态势。过往在市场经济中成功的先例无一不

是在创新方面走在了同行的前列，而这一切都依赖于好的创新管理模式与实践。

如何打造创新型组织，从哪些途径实现变革和创新，才能推动咨询企业向前发展，捷宏润安工程顾问有限公司（以下简称"捷宏润安"）进行了深入的调研与探索。

一、创新管理机制，促进企业生根发展

1.创新质量管理体系，促进品牌建设

2004年，捷宏润安成立，在首年产值只有380万元，仅仅300平方

米的办公场所的条件下，捷宏润安并未将盈利作为首选目标，而是首先明确了严格的质量管理体系，质量管理是造价咨询企业的核心要求，也是企业品质保障的重要表现，以质量促发展，为客户提供专业的招标代理及工程造价咨询服务，规避风险，完善管理。正是在这样的指导方针下，捷宏润安2006年取得招标代理及造价甲级资质；2008年第一次进入政府投资项目审计中介库；2011年即进入全国造价咨询百强单位。纵观十几年的发展轨迹，捷宏润安始终把质量管理放在首要位置，并且不断发展完善，立足江苏市场，从引领行业标准的模板建立，到三级校审核管理体系的施行，逐步建立起工程咨询企业的质量管理体系。

2.着手信息化建设，提升品牌内核

随着社会数字化进程的加快，捷宏润安率先着手信息化建设。公司于2011年正式上线ERP管理系统，ERP管理不仅极大地提升了公司内部管理流程效率，为质量控制体系打造高效、标准化的校审核流程，同时，也是外部客户实时关注项目管理进度、查阅项目资料的共享平台。

面对日益精细化的市场需求，捷宏润安自主研发了速得材价管理平台。通过上万材价数据分析及各行业工程费用构成规律，已研发出可供参考的空调、预制构件、电梯等组价小程序。随着研发力度的加大，速得材价管理平台功能也在继续丰富完善，从固定品牌的产品报价、组合方案类的产品报价、特殊实用性产品报价、历史材料价格查询等横向数据对比，极力为客户提供最专业的核价、采购、报价等多项服务。

3.创新分配与激励机制，激发团队战斗力

分配与激励机制是团队发展的动力源。在16年的发展过程中，捷宏润安通过不断的探索与总结，形成了目前"以工时制为主，以KPI管理机制为辅"的分配与激励机制。通过工时制的推行，促进员工以团队为核心，多劳多得，高质量高效率的工作风貌的建立；而科学的KPI管理机制，打破了以考核定结果的规则，在促进员工工作规范实施的同时，更通过指标的设置，促进员工积极进取，通过知识、技能的不断提升实现绩效的突破。使绩效管理从约束机制向激励机制迈出巨大的一步。

4.合伙人机制推行，提升企业凝聚力

2016年，公司实现新的突破，捷宏润安正式启动合伙人制度。通过合伙人制度的推行，进一步激发核心骨干员工的斗志，在当年实现了营业收入与产值双双过亿元。合伙人不仅是企业业绩的贡献者，更是企业发展的献计人与推动者，在发展过程中，合伙人为企业发展注入了源源不断的血液。

同时，公司对于员工保障体系进行了重新梳理确认，在基本的社会保险和公积金之外，公司为员工办理商业医疗保险、商业养老保险，并发布企业养老金计划，普惠奖金计划，省外、境外游计划。在实现员工基

本保障的同时，极大地丰富了员工生活，更坚定员工与公司共同向前发展的决心。

二、重视人才招募与培训，打造学习型高速发展平台

1.建立企业人才池，打造自主培养新途径

2014年，为造价咨询行业培养人才，公司正式成立造价学校，并招收了第一批启航班学员。随着时间的推移，捷宏润安在人才招募与选拔、培训课程体系建设等方面有了长足的发展与进步，已经形成有自身特色的"远航计划""领航计划"等系列培训课程。截至目前，实现60％以上技术

人员均来自于公司自主培养。

经过内部实践检验，2017年，公司成立南京捷宏职业技能培训有限公司（以下简称"捷宏教育"）。捷宏教育以"助力咨询业发展"为使命，以"立足咨询业、面向新未来"为愿景。捷宏教育向社会招生，将经过提炼的技术精髓及对于行业发展的研究向社会公开，为行业的发展贡献捷宏人的力量。

2.推行人才梯队建设，创新人才选拔机制

伴随公司16年成长之路，人才发展的步伐也在加快。经过16年的发展沉淀，捷宏润安已经形成完整的员工成长路径图。

结合员工综合特质与职业规划，公司为每位员工设定了发展轨迹。在各发展节点，为员工提供知识、技能与项目支撑，满足员工发展需要，同时促进企业人才队伍的建立。2018年，公司第一届储备干部正式出炉，伴随着公司人才梯队建设的步伐，公司为管理与专业技术人才的培养又跨出重要的一步。2019年，公司将业务部门中层岗位进行了集中竞岗竞聘，五名优秀的管理者诞生，为公司的发展提供了重要的人才支撑。

三、坚持技术创新，走持续发展之路

1.坚持课题研讨，推动技术进步

公司重视自身信息化系统的开发与完善，自2012年起，逐渐使用信息化手段对于项目数据进行分析处理，使指标的界定、量值的确认更加科学准确，也使得公司每年的《捷宏建设项目造价指标手册》不断更新、完善。

积极探索科学实践的同时，截至目前，捷宏润安积极参与了行业内十余本相关标准与著作的编制工作，如《国际工程项目管理模式研究及应用》《全过程工程咨询典型案例》《PPP项目审计指南》《江苏省工程造价咨询业务指导规程》《江苏省建设工程造价估算指标》（2017年）等。

2.引领技术创新，占领行业高地

随着大数据时代的到来，信息技术发展的日新月异，云造价、智慧造价的概念研究进程加快。捷宏润安在传统技术的基础上进行了多方面创新，并体现出了具有自身特色的创新研究成果。将全景VR技术、BIM+GIS智能分析等高科技技术手段与传统咨询行业进行了完美的融合，经过典型项目的实际运用与完善，该技术极大提升了大规模复杂工程项目的管理效率与成效，深受业主的欢迎。

16年的过程中捷宏润安深刻体会到，求真务实，开拓创新，深化改革，与时俱进是企业，乃至整个行业发展的必由之路。随着智慧科技时代的来临，捷宏润安正在进一步探索创新与变革之路。

在管理创新中提升凝聚力，在制度创新中焕发生命力，在技术创新中铸造战斗力，只有坚定不移地走创新之路，才能提高企业核心竞争力，实现企业可持续发展，并为行业发展持续增添活力与创造力。

2013年，向四川凉山彝族自治州四且村小学捐赠扶贫物资

3.打造学习型组织，激发企业新活力

在发展过程中，学习推动进步。企业的创新与发展，团队战斗力的提升与打造，都需要不断地吸收新的知识，新的技能。在捷宏发展的16年中，业务技能上，已经形成了"项目助理引航班""项目经理远航班"等系列课程，每年定期聘请行业专家、公司核心技术骨干为员工做思路拓展与知识技能提升。同时，由公司主任工程师等技术骨干人员定期组织的座谈，针对员工实际工作中遇到的问题进行专题讲解与技术交流。注重技术能力提升的同时，公司也积极开展读书会活动，丰富员工业余文化生活。通过积极向上的学习氛围塑造，充分发挥员工的创造性思维能力，不断突破组织成长的极限，从而保持组织持续发展态势。

4.践行社会责任，弘扬捷宏精神

公司成立之初即成立捷宏润安党支部。多年来，在党支委的带领下，支部积极参与构建街道、社区与企业共同桥梁。结合党建日、"慈善一日捐"等活动，运用公司工程造价专业人员多的资源优势，与洪武街道共同举办"社区改造专项资金测算""走进社区，精准报价"等系列党建活动。累计服务10个社区，近150个项目。同时，公司全体员工在党支部的带领下，每年定期组织参与捐款、捐助等多项活动，不忘初心，将社会责任贯穿于生产经营的每一个环节，成为促进公司及全体员工生产经营活动和日常行为的精神力量。

凡心所向，素履以往。在中价协30周年的生日之际，我们坚信，下一个30年，造价咨询行业将进一步发展创新，随着国家"十四五"规划，造价咨询行业将以人才创新为发展要求，以技术创新为发展目标，以管理创新为发展依托，为"百年大变局"的未来发展做出造价人的贡献。

聚焦主航道，专注工程造价数字化建设

□ 国泰新点软件股份有限公司

2020年，中国建设工程造价管理协会成立30周年了。30年来，乘改革春风，我国工程造价管理体制、工程计价制度改革、工程计价依据和工程造价信息化都得到了迅猛发展，工程造价在确保国家建设工程、质量安全、投资效益等方面发挥了重要作用，对国民经济发展做出了巨大贡献。30年来，中价协在改革开放的大潮中发展

2011年新春，时任住房和城乡建设部副部长陈大卫看望秘书处干部职工

壮大，作为行业的一份子，新点软件伴随工程造价行业发展而共同成长，不断服务社会、创新进取。

1998年，新点软件公司成立，企业致力于工程造价、数字建设等领域，紧随中国经济腾飞之势，从40平方米的集体宿舍中，开始了艰苦的创业历程。从当初几个人的小团队，发展至今成为5000人的大家庭；从乡镇作坊式的软件工作间，发展到拥有上百个自主知识产权的规范化、规模化的软件工厂。并相继在张家港、南京、苏州、合肥、郑州、南昌等地设立了六大资源中心，在全国成立了十六大运营中心，销售与服务网络覆盖全国31个省市自治区，服务于数千家政府部门用户、8万余家企业用户，丰富的项目实践经验汇聚成为宝贵的无形资产。

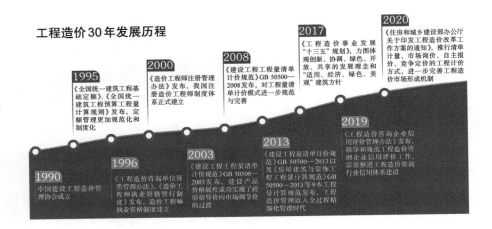

工程造价30年发展历程

1990
中国建设工程造价管理协会成立

1995
《全国统一建筑工程基础定额》《全国统一建筑工程预算工程量计算规则》发布，定额管理更加规范化和制度化

1996
《工程造价咨询单位资质管理办法》《工程造价师执业资格暂行制度》发布，造价工程师执业资格制度建立

2000
《造价工程师注册管理办法》发布，我国注册造价工程师制度体系正式建立

2003
《建设工程工程量清单计价规范》GB 50500—2003发布，建设产品价格属性成功实现了政府指导价向市场调节价的过渡

2008
《建设工程工程量清单计价规范》GB 50500—2008发布，对工程量清单计价模式进一步规范与完善

2013
《建设工程量清单计价规范》GB 50500—2013以及《房屋建筑与装饰工程工程量计算规范》GB 50500—2013等9本工程量计算规范发布，工程造价管理迈入全过程精细化管理时代

2017
《工程造价事业发展"十三五"规划》，力图体现创新、协调、绿色、开放、共享的发展理念和"适用、经济、绿色、美观"建筑方针

2019
《工程造价咨询企业信用评价管理办法》发布，指导和规范工程造价咨询企业信用评价工作，需要推进工程造价咨询行业信用体系建设

2020
《住房和城乡建设部办公厅关于印发工程造价改革工作方案的通知》，推行清单计量、市场询价、自主报价、竞争定价的工程计价方式，进一步完善工程造价市场形成机制

一、聚焦主航道，以软件助推工程造价工作方式变革

1.计算器与电子表格时期

20多年前，工程造价是一个烦琐复杂的工作过程，造价员需在熟读图纸的基础上，根据计价条目分别列项，计算每个项目的工程量，图纸信息烦琐、计价条目繁多、工作量巨大。加快工程量计算的速度、提高工程造价的准确性成为广大工程造价从业人员孜孜不倦研究的课题。起初，造价工作使用手算方式，在空白的手抄纸上划格列出计算式，然后敲击计算器，算出结果抄上数据后，还需反复复查，费时费力，有经验的造价人员根据图纸目录，通过逐份图纸计算，编制预算手册，汇集通用计算数据，归纳速算方法和速算表格、汇总表、明细表等手段，提高计算速度、避免漏项。

20世纪90年代后期，电脑逐渐在中国普及，Office办公软件开始盛行，Word、Excel等办公软件被逐渐推广应用到各行各业，工程造价行业也开始使用Excel电子表格进行算量计价，直接在电子表格中输入计算式，就可自动得出结果，还可以直接输入基础数据，通过建立函数公式计算工程量，更可以建立链接自动汇总，并让汇总表随着明细表的变化而变化，这大大提高了计算速度。

2.清单计价软件时期

电子表格技术大大缩减了手动计算的时间，但并没有从根本上改变手算模式，造价人员仍需通过翻阅定额书反复输入数据，且不能重复利用。此外，精通电子表格难度较大，工程造价从计算费用到出概预算书仍需花费很长时间，其过程烦琐枯燥、工作量大且容易出错。

经大量研究实践，1998年，新点软件洞察到造价工作的难点，敏锐地发现通过更先进的计算机软件技术可以解决此类问题，果断涉足工程造价领域。迈过了艰难困苦的起步阶段，公司于1999年推出智慧建筑工程预决算软件，将工程造价所需的定额、费率、计算式等要素固化在软件中，创造了便捷易用的崭新计价方式，让工程预决算的效率和准确度都得到了成倍提高，成功将造价员从繁重的手工劳动中解脱出来。

2003年，国家发布《建设工程工程量清单计价规范》，中价协积极宣贯，组织编撰相关培训教材，开展了造价工程师远程网络教育工作。"量价分离、企业自主报价"的清单计价制

2014年，时任住房和城乡建设部标准定额司司长刘灿出席全国工程造价管理改革会议

度开始推广执行。企业积极响应国家与行业协会要求，于2004年推出了"新点清单计价软件"，该软件涵盖房屋建筑与装饰、安装、市政、园林、轨道交通、仿古建筑、管廊等众多专业领域，全面支持预算、结算、审计业务，满足业主、设计、咨询、施工、监理、审计等单位的不同业务需求。造价人员可通过"新点清单计价软件"载入工程量清单，输入选定定额子目，选择预设的取费表模板，计算汇总生成所需的报表和文件，这大幅度提高了造价人员的工作效率，让他们能够把精力投入到对工程造价质量更有益的环节中去。

秉持"为客户创造价值"的企业宗旨，企业将造价软件的应用从房建类工程带入到了水利、电力、公路等多种类型工程中，为造价人员提供了

更加广泛全面的专用造价软件。与此同时，企业持续更新、优化造价软件的性能，不断提供更优质、更稳定的软件框架，进一步提高计算结果准确度及成果编制效率。

二、持续创新发展，以技术推动造价领域新变革

进入21世纪，信息技术日新月异，尤其近10年来，信息技术竞争日趋激烈，BIM、大数据、云计算、5G、人工智能等新兴技术竞相运用于工程造价行业。新点软件始终秉持"自加压力，敢于争先"的创业风气，助推工程造价领域的信息技术创新发展，着力在高效建立精细BIM模型并精准出量、便捷采集积累工程造价数据并有效应用等方面探索。

1. BIM技术应用，可视化管理建筑工程成本

目前，BIM技术已在全球范围得到业界广泛认可并被越来越多地应用于建筑工程，造价人员可以通过建立虚拟三维模型，对建筑工程全生命周期的信息进行集成与应用，从而有效提高工作效率、节省资源、降低成本，实现可持续发展。企业不断探索新技术领域，深入研究BIM技术，参与编制了全国智标委发布的《工程项目建筑信息模型（BIM）应用成熟度评价导则》《企业建筑信息模型（BIM）实施能力成熟度评价导则》，并倾注大量心血打造完成了融合BIM技术的新点BIM5D算量软件，帮助造价人员快速实现BIM应用。BIM5D算量软件实现了包括柱、梁、墙、板等构件CAD识别建模，垫层、圈梁等二次构件的智能布置，预制柱、墙、叠合板等装配式构件的快速建模，房间、模型线等实体装饰构件的自动布置，电气配电、桥架配线等多项功能，可帮助建模人员大幅度提升建模效率和模型精度。BIM5D算量软件还提供了管线避让、管线开洞、支吊架布置、净高检查等模型深化应用，能够帮助项目人员提前规避施工现场不必要的返工、复工，在节省资源的同时有效降低成本。根据BIM模型所属构件的特征和属性，软件还可以智能挂接对应的清单和定额，将模型工程量直接输出至"新点清单造价软件"，组价完成的费用、消耗量等信息

也可及时反馈到模型对应的构件属性中，真正实现量价一体。通过结合四维进度管理功能，该软件可将模型构件与工程进度关联，进行5D虚拟施工模拟，展示工程的进度偏差和成本偏差，实现对工程造价成本数据的动态管控。新点BIM5D算量软件，在很大程度上满足了设计、招标投标、施工以及竣工阶段对BIM模型精准出量的应用需求，为工程建造的精细管理提供了有力的技术支撑。

2.工程造价大数据，最大化发挥数字资源价值

2014年9月，住房和城乡建设部发布了《关于进一步推进工程造价管理改革的指导意见》，提出"要建立国家工程造价数据库，开展工程造价数据积累"。这激活了我们的创新引擎，为企业向造价大数据迈进提供了指导性意见。建筑行业是最大的数据产业，工程造价则是建筑行业内数据最密集、数量最庞大的一个领域。企业内部工程造价数据的积累，已成为工程造价及成本管理的一项重点工作，是工程建设过程中历史经验的总结，是合理确定工程造价和有效控制工程

造价的重要依据和手段，也是工程造价管理各环节的脉络，更是提高工程造价管理效率的重要条件。数据资源、数据应用必将成为工程造价行业内的核心竞争能力。但是，目前建筑行业企业面临着很多数据难题，如：企业缺少数据的信息化积累，计算机无法将有些资源变成有效数据；企业工程材料价格评估难，缺乏数据标准化、数据分析、数据应用的能力；造价管控难度大，无法及时有效获取材料价格；缺乏数据安全管理手段，等等。针对这些行业痛点，企业研究开发了便捷精准的专业指标数据库，以工程造价数据为基础，按照分类模板、工程类别、项目信息、项目特征、计算口径等条件，创建各类指标库模板，通过长期业务数据采集，对数据信息进行结构化的积累和挖掘，最终形成指标管理体系。通过完善成熟的

指标库，我们可按地区、工程类型等要素，查询相应工程造价经济指标、技术指标、含量指标的指标区间值，为造价人员的工作提供可靠的数据支撑；可对工程造价成果文件进行指标分析及横向、纵向的指标对比，帮助审核人员快速分析查找出异常指数指标，提高工作效率；可根据新项目的项目特征，智能筛选并快速加载指标库中的历史工程数据，经清单科目的增减及量价调整，帮助编制人员精准、快速地输出估算造价文件。

三、面向未来，以数据服务助推工程造价数字化建设

为贯彻落实党的十九大和十九届二中、三中、四中全会精神，充分发挥市场在资源配置中的决定性作用，进一步推进工程造价市场化改革，2020年7月，住房和城乡建设部印发了《工程造价改革方案》，其中强调"要加强工程造价数字积累，加快建立国有资金投资的工程造价数据库，按地区、工程类型、建筑结构等分类发布人工、材料、项目等造价指标指数，利用大数据、人工智能等信息化技术为概预算编制提供依据"，这为行业的发展指明了方向，工程造价咨询企业要积极探索未来，深化数据积累应用，为建筑行业提供更优质的数据服务，帮助建筑企业提升数据能力，以数字服务助力工程造价数字化建设。

当今时代，数字中国建设呈现出勃勃生机，全社会的数字化转型已成为颠覆性的发展力量。为此，行业协会多次组织召开关于"数字造价""数字建筑"的论坛，吹响了建筑行业数字化的号角。企业积极响应参与，在"中价协第七届高端论坛"上，新点建筑企业事业部总经理袁明侃以"工程造价管理信息化建设方案应用研究"为主题发表演讲，从"造价企业ERP""互联网＋项目管理""企业造价大数据应用"三个层面展开论述，为国内造价行业面临的造价数据分析功能弱、全过程管理进展不快、数据积累和共享困难、企业核心竞争力薄弱等较为明显的信息化应用问题提供了新思路。

数字化转型已成为建筑行业变革的主旋律，工程造价数据已不再独守

于各个"孤岛"，实现数据的通畅流通与高效应用，才能体现其最大价值。企业秉持"以信息驱动业务，让数字赋能企业"的理念，致力于实现"造价人员业务成果最大化利用"的目标，特推出"新点BIM5D协同平台"，将碎片化、个性化的用户需求，与智能化、透明化的建造管理体系高效对接，为工程建造精细管理提供了有力的技术支撑。在建筑企业数字建设方面，推出了"智慧工地监管平台"，集成智能硬件设备、工地各关键要素数据采集，为项目管理者提供数字化、可视化的施工过程管理手段。同时还为咨询企业打造了信息化业务管理平台，通过建立规范的全流程执行体系和专业的指标数据库，运用标准作业、过程留痕及数据积累应用等手段，提高咨询企业的工作效率、业务质量和管理水平。

公司积极探索运用BIM、云计算、大数据等新兴技术，将建设项目实施过程中产生的商务、技术、施工等数据，通过云端协同的方式统一汇总，并运用大数据分析，形成企业数据库，帮助建筑企业进行价值数据的快速积累和高效利用。同时，公司通

2014年，时任亚太区工料测量师协会主席徐惠琴主持理事会会议

过云服务打通计价、算量、项目管理、咨询ERP等多个产品的数据接口，使造价数据在各软件、平台间无缝流转，为工程项目造价管理提供精准的数据支撑，帮助建设各方主体迅速适应"市场询价、自主报价、竞争定价的工程计价方式"新模式，促进建筑业数字化转型升级，大大提高工程投资效益。

展望未来，新点软件将持续创新，助力建筑企业实现高效协同、降本增效的数字化、智慧化管理，为广大工程造价人员提供更优质的服务。同时，企业将积极承担社会责任，持续深耕选定行业领域，以技术研发创新为根本，自加压力、敢于争先，继续助推数字中国和智慧社会建设。

专业起步　文化助推　人才兴业　创新发展

□ 郭康玺　李雪莲　郭纯青

1990年7月，中国建设工程造价管理协会成立。回顾工程造价行业改革发展历程，30年来，伴随工程造价从单纯估算、概算、预算、结算到贯穿于建设项目全过程、全要素、全寿命周期的以工程价款为核心的工程管理；从传统的算量套价到前期决策、风险管理、价值管理、战略规划、信息化等高端领域的造价控制与管理……30年来，中价协带领造价人勇于进取、不断创新，增强造价人的责任感和使命感，持续推动行业的科学发展，不断为国家经济建设贡献专业力量，工程造价不断扩大社会影响力，赢得社会声誉，造价咨询企业也如雨后春笋应运而生。

沪港创立于1994年，正值我国由计划经济向市场经济转变的重要时期，企业咬定"工程造价"不放松，持续通过5个五年计划，推动企业专业、文化、人才、创新、平台发展，实现从员工10人到620人，办公环境从20m²到12000m²，每年成果报告从20份到12500份，每年提出管理建议从731个到17515个，年上缴税收从10万元到9000万元，年产值从200万元到6亿元的腾飞。

一、从专业起步，专业是"本"，专业发展才是硬道理

1995-2000年，是工程造价行业推动造价管理规范化和制度化的密集期，工程造价行业通过加强对工程造价活动、市场秩序、造价质量的监

督管理，有效促进行业健康发展。

作为起步阶段的造价咨询单位，企业充分发挥效能，进行专业化管理、标准化管理、集团化管理，增强核心竞争力。

1.专业化管理

用技术夯实专业底座，建立工程CAD制图、建筑材料、工程结构、施工技术、工程计价、工程计量、造价管理、工程经济、合同管理、项目管理等专业学科组，结合客户需求，设计专业服务产品及解决方案，建立咨询成果数据、新技术、新业务研究、业务成果化、信息化管理的四大专业支撑体系。

支撑一，"咨询成果数据管理"，建立实际市场价格要素资料库、实际结算工程指标数据库、新型建筑造价指标数据库、全覆盖的苗木数据库、审计问题案例库、合同范本库、专家资源库等。

支撑二，"新技术、新业务研究"，如：工程造价控制模式，建设项目绩效评价指标体系设计，司法鉴证的时效标准与规范等。

支撑三，"业务成果化管理"，每年260个条线总结报告，每年90个专业报告，每年组织专业论坛。

支撑四，"信息化和网络化建设"，实现OA与多专业板块的融合管理平台，全方位的项目立项、实施进展、合同执行、报告审核、成果归档监控，向项目参与单位开放的协同平台设计。

2.标准化管理

建立咨询标准、规范，进行全过程跟踪考核。标准规范包括：项目投资机会研究、项目建议书、项目可行性研究、勘察设计咨询、招标代理、项目管理、合同管理、投资控制、工程结算、建设项目后评价等。

举措一，"延伸到核稿体系的标准建设"，成立标准室，核稿专业细分、流水化作业，总结归纳的十八大常见病、多发病，定期发布。

举措二，"界面管理、合同管理"，从招标策划阶段开始的界面管理，有效防范投资控制盲区，合同范本体系建设，培育业主的项目管理能力，让业主始终处于主动地位。

举措三，"职级分层"，每年通过考试考核，对专业人员进行职级分层和核定，职级分为：初、中、高级计量员，助理专业师，专业工程师一、二级，项目经理等七个职级。各职级职责明确，考核量化，促进业务发展更精细、更专业。

举措四，"时效管理"，制定项目时效标准、建立超时效单管理制度，每月召开项目汇报会，总师、部门经理100％掌控，三个月以上项目部门经理亲自协调解决，建立五级审核限时，各级审核不超过24小时。

3.集团化管理

建立项目统一专业服务管理制度，对客户高度负责，反应机制快速有效。充分发挥公司的综合优势，统一的集团管理，统一的人员调配，统一的项目管理，高效调配资源，形成战之能胜的团队，在同行业中率先建立了项目集中管理制度，从项目承接、人员安排、项目进行、报告出具、客户反馈等方面来进行动态管理。

二、以文化助推，文化是"擎"，推动企业发展健康化

2001-2005年，是工程造价行业推广执行量价分离、企业自主报价的清单计价制度的开局期，标志着工程造价行业成功实现了政府指导价向市场调节价的过渡。

随着行业的迅猛发展，企业产值及规模增长每年不低于20％，这受益于公司专业建设和文化建设的齐头并进，独具特色的党建文化、做人文化、批评文化、诚信文化、感恩文化、清明文化成为企业发展的助推器，完成了公司从小到大，从弱到强，从平凡到优秀的蜕变。

1.党建文化

注入先进文化基因的党建，在沪港发展中产生了极大的正能量，党建从业务工作入手，开展"业务冲刺活动"，确保实现产值增长20％的目标；从人才培养入手，用"老三篇"精神引导"红"与"专"，积极塑造新时代精神；从项目服务入手，开展"优质项目竞赛"，提供优质服务、创立优秀品牌，等等。

2.做人文化

每位新进公司的员工，都会教导：在家里，一定要孝敬父母，过年过节别忘了给父母发条信息、买份礼物；在单位，要懂得尊重老师，主动帮助老师擦桌子、倒水；要学会关心和帮助身边的同事。同时，在员工考核中，热心公益有着绝对的加分。

3.批评文化

"把思想放在阳光下晒晒"，每周中层干部例会上，都会对干部发生的问题进行通报，并张贴于文化长廊的白榜上。持续25年的定期"批评与自我批评"，要求领导干部人人"过

《建设工程造价咨询规范》宣贯会议

关"。日常工作中每个干部要做到"常洗澡、常照镜子"，并及时整改。形成了有效的纠错机制，提升了公信力。

4.诚信文化

诚信文化建设从思想教育入手，建设诚信企业文化，在沪港，每位员工都必须学习百万字的《审计准则》和《工作准则》并在年度大会上进行承诺，提高依法从业的自觉性；把《职业道德准则》作为必修课，规范企业和员工的行为。

5.感恩文化

沪港人在为社会创造价值的同时，把帮困济贫、回馈社会作为一种责任。汶川大地震出资50万元用于都江堰敬老院的重建；为在"非典"、静安

11.15火灾等奉献"爱心"；多次看望灾区孤儿，为多所希望小学捐献图书；为弘扬"传统文化"，每年出资10万元，资助"评弹之春"；2020年疫情爆发，大量购买紧缺物资进行援助。企业近年来捐赠社会款项达750多万元。

6.清明文化

将清明文化中蕴涵的中华民族独特的民族情感和精神内核，转化为员工"忠诚，创新，卓越，无私"，促进企业健康发展的实际行动。连续25年的清明，企业组织全体员工到上海龙华烈士陵园祭扫先烈，在祭祀英烈过程中体验并强化感恩、责任、使命等理念，传承中华民族的文化血脉和思想精华。

三、抓人才培养，人才是"道"，提升成长路径科学化

2006－2010年，是工程造价行业管理制度建设稳步推进的重要期，工程造价形成机制的改革取得较大进展，工程造价行业通过造价工程师执业资格制度和造价员从业资格制度的建立和完善，人才队伍的执业能力和发展能力显著增强。

在行业市场竞争、人才竞争的大背景下，企业始终把人才作为支撑集团科学发展可持续的战略资源，坚持"又红又专"的人才培养标准，坚持人才优先、资源聚焦、创新机制的人才工作指导方针，形成优秀人才脱颖而出、充分施展才能的选人用人机制，激发了人才队伍的动力与活力。

1.干部竞争机制

始终坚持"给想干事的人以平台，给能干事的人以舞台，给干成事的人以讲台"，对于每一位员工来说机会都是均等的，任何人不需要论资排辈，只要有一颗积极上进的心，与公司同心同德，梦想有多大，舞台就有多大。实行干部竞争机制，采用每两年一次干部竞聘上岗的办法，营造公开、公平、公正的环境。

2.新员工"入模子"教育

开展新员工"入模子"教育，并通过入职培训、师傅带教，和建立考

核机制，在政治上正确引导，在业务上精心培养。

3.员工成才"三通道"

为每个员工量身定制"员工专业成长目标"，包括专业人才晋升通道、管理人才晋升通道和党团人才晋升通道。近年来，大批年轻人能够"任性"成长，业务骨干、青年英才辈出。

四、推创新改革，创新是"法"，创造价值获得竞争优势

2011-2015年，是工程造价行业促进工程造价咨询业可持续发展的关键期，工程造价行业通过计价制度改革、计价依据和造价信息化服务，在保证建设工程质量安全、提高投资效益等方面发挥了重要作用，工程造价咨询业保持了平稳较快增长。

工程造价管理改革全面启动，企业只有持续改进，不断创新，才能有强大的生命力，一直以来，企业不断解决发展中的专业和质量问题，创新业务管理，有效提升专业价值及服务质量。

1.量价分离

2005年开始将计量与计价分离，由计量员按照计量依据，对工程实体的工程量做出正确的计算；由专业工程师按照约定的计价模式，正确计算项目全部费用。推行量价分离的模式，使得专业成果更精准、更高效；另一方面，计量、计价相互制约，从机制体制上确保建设资金安全。

2.背靠背计量

对于财政资金项目、复审项目、备案项目、建安投资超过3000万元项目实行背靠背计量。背靠背要求对同一项目由两个计量组同步计量，由专业工程师对两套计算稿核对，找出差错原因，最终确定工程量。

3.五级控制

实行主审、项目经理一级审核→部门经理二级审核→专业委员会三级审核→专业总师四级审核→主管总师五级审定的质量控制体系，对于重大、异常、问题项目还要增加总师会审及董事长签批环节。

4.总师会审

对于以下五类项目必须通过总师会汇报审核：核减率小于15％的工程审价项目、建安造价（送审）在1000万元以上的项目、结算备案项目、复审的项目、投诉的项目。

5.质量评审100％

建立质量评审制度，如审价报告质量评审从工程量、定额（单价）、费率、材料价格、核增部分依据和正确性、报告文字等方面进行评审打分，并将打分结果计入质量档案、纳入个人、部门考核。

6.报告（底稿）标准化

建立并推行企业自订的《工程量清单结算审价报告范本》《定额（2016）结算审价报告范本》《投资监理月报范本》《财务监理月报范本》《计算底稿标准模板》，有效提高了咨询成果报告的专业含量和水平。

五、促平台发展，平台是"翼"，实现服务能级大升级

2016—2020年，是工程造价行业大有可为的重要战略机遇期。以创新、协调、绿色、开放、共享为主题，加强和改善市场监管，转变政府职能，完善公共服务和诚信体系建设，培育全过程工程咨询。工程造价行业面对错综复杂的国际国内环境和复杂艰巨的发展任务，坚定信心，迎难而上。

响应行业推进工程造价咨询企业规模化、综合化和国际化经营的部署，企业深入开展工程、审计、评估、估价四大业务板块联动，形成大平台，在技术上价值对齐、在运营上协同布局。

1.技术上价值对齐

将专业技能能力融入企业，打造企业自身的新咨询技能并形成数字化能力，从而更好地服务客户。

（1）实现咨询过程全贯通：即项目的全过程管理，前期的论证、决策、设计，中期的建设实施，建成后的运行，直至退役的管理。应用合同管理、界面管理、目标管理、价值管理、风险管理、财务管理等手段。

（2）实现咨询要素全集成：项目的质量、费用、工期、安全、技术、环保、合同、风险、信息、文化、可持续性等要素进行集成并数字化，综合人与人、人与工程、工程与社会、工程与自然的关系，工程对科学、技术与艺术的影响。

（3）实现咨询职能全方位：技术、经济、管理、信息贯穿于新基建全过程。发挥项目的决策、计划、组织、协调、指挥、控制等咨询职能。

2.运营上协同布局

跨专业、跨部门、跨行业的协作要求提高，打造多元化业务范围、多兵种的服务团队、多维度的咨询平台

（1）多元化的业务范围

实现以客户需求为核心的"服务"战略，董事长带领员工认真认识市场、了解客户需求，不断为客户提供超出行业标准的期望值，形成差异化竞争优势，提供菜单式、全过程、一条龙等多种服务模式。

全国建设工程造价员职业资格考试巡考

（2）多兵种的服务团队

从"单兵种"到"多兵种"演变，联合作战显优势。跨专业联合培训及联合进点，联合出具成果文件。造价师、咨询师、招标师、会计师、评估师项目共同进点，扩展咨询广度，提升服务价值。如：

造价师和会计师：全方位投资控制、财务管理、资金监管、绩效评价无死角。

造价师和招标师：规范工程管理和招标平台管理，打通供应链、价值链。

（3）多维度的咨询平台

基于BIM技术、互联网+，搭建建设单位（业主）、设计院、政府部门、设备材料供应商、咨询公司、物业公司、科研院校、施工企业共同参与的咨询大平台。

大平台的发展赢得了社会的认可，企业相继获得全国文明单位、全国五一劳动奖状、全国模范劳动关系和谐企业、全国巾帼文明岗、全国党建先进单位等荣誉。

六、有感中价协"企业开放日"

2015年9月，《中价协会关于开展"企业开放日"活动的通知》提出，组织开展"企业开放日"活动，搭建互助互利、和谐共赢的交流平台，促进工程造价咨询行业共同发展，企业积极响应，在2016-2017年举办了六期，共178家会员单位参加的"企业开放日"。每一期都有特色，每一期都有主题，每一期都有中价协的倾心指导、会员单位辛勤的奔波、咨询人真切的交流、企业家豪情的担当，令人震撼和感动。

在协会的引导下，会员们从专业角度分析交流新时期造价发展影响因素，以及扩大咨询服务维度、贯穿于工程全过程的服务技能、造价管理数字化战略、转型与变革、文化与品牌建设、党建与社会责任等方面的举措和创新。每个会员单位都以自身出发，向大家分享企业发展经历和发展瓶颈，围绕现阶段造价行业市场竞争、人才培养、BIM技术、全过程咨询等问题，提出疑惑和想法。

中价协企业开放日从2015年开始，有20家企业主办，超过500家企业参与。通过开放日，会员在各方面都得到了启发，各种举措在行业中反响很好。我们将继续不断自我激励：造价企业要激发自身的需求，这是企业的原动力，要有紧跟时代的理想目标，要有坚定发展的企业精神、要有造价事业的饱满情怀，不断提升，努力完善，不忘初心，牢记使命，为工程造价的明天继续发力。

（作者单位：沪港国际咨询集团有限公司）

百舸争流承薪火

做"又帅又能打"的工程造价专业人才

□ 柯　洪

　　曾经有不同的工程咨询公司（尤其是综合性工程咨询公司）的老总在不同的场合跟我沟通过类似的观点："公司造价事业部的负责人业务能力一流，但表达能力有一定欠缺，也不爱表达。"也曾经有不同的工程咨询公司的造价事业部的负责人和骨干跟我沟通过类似的观点："干活就完了呗，有什么好说的。"两种观点都能让我深解其味。

　　我不禁想到，工程造价专业人员在同行的心目中已经有了一个比较刻板的形象：通常是一位瘦弱的女性（在此绝无歧视男性之意），梳着马尾辫之类易于打理的发型，由于长期伏案使用电脑都佩戴不同简洁款式的眼镜，工作起来兢兢业业，甚至有些"斤斤计较"（因为工程造价本身就是一项细致、容不得任何差错的工作），永远埋头工作，不爱表达。

　　工程造价从业人员具有这样可爱的工作能力和工作素质很容易获得公司老总的青睐，但他们的不善言辞有时也会让领导着急上火。面对我国现在的工程建设及工程咨询的发展新形势，工程造价从业人员需要"能做"，更需要"会说"，要努力成为"又帅又能打"的工程造价专业人才，为我国建设工程事业做出更多贡献。

传统算量计价业务造就了工程造价的行业性格

　　长期以来，以算量计价为核心的概预算工作一直是工程造价行业的核心工作内容，这一情况从某种程度来说一直延续至今。而主要以定额为基础的算量计价工作强调严格按照统一的工程量计算规则以及国家、行业或地方的各种定额、价格信息、取费文件等精确计算。专业人员不需要也不允许有自己独立发挥，体现自身创造性思维的空间。

在这样的工作要求下，工程造价专业人员逐渐形成了认真、细心、精确、耐心的行业性格。凡事讲依据，凡数有标准。工作经验的积累表现为对各类定额、标准、规则掌握得更加熟练，计算的准确度更高，速度更快以及熟悉的专业更多（当然，随着信息化时代的到来，大量算量计价工作已经被软件替代，但依然需要投入大量的人力）。传统的算量计价业务促使工程造价专业人员的专业技术能力得

到了长足的进步和发展，但同时也使得造价专业人员得不到或不需要太多的沟通交流或专业表达的机会。

工程造价市场化发展的要求

以2003年《建设工程工程量清单计价规范》的颁布实施为标志，工程造价的市场化改革的速度越来越快。工程造价专业人员除了传统的算量计价和核心工作任务以外，进一步投入了合同价款管理的工作，也就是俗称的从"算价"到"管价"的发展。在此阶段，大量的工程造价专业人员投入了代表委托方（大部分时候是发包方，也有可能是承包方）与合同对方当事人进行"对量给付"的工作中。

咨询工作任务和性质的变化对工程造价专业人员提出了不同的要求。在原有专业技术能力的基础上，此时工程造价专业人员是否具备充分足够的专业沟通、协调能力就显得尤为重要了。因为在"对量给付"过程中，

能否根据合同约定或者国家、地方、行业规定的工程计量与计价规则支持本方的诉求是一方面。而另一方面，由于合同约定不明或者不一致导致的可能合同纠纷就需要工程造价专业人员通过沟通、协调以引导达成双方都可以接受的方案，以保证和提升工程合同的履约效率。

在此阶段，工程造价的专业服务不是提交一份无瑕疵的算量计价的专业文件或报告就能够完成的，工程造价专业人员遇到了对其表达能力和影响能力的考验。单纯专业技术能力出众的工程造价人员将很难满足这种需要，仅仅"能做"好工作已经不够了，还需要"会说"以保证提供的专业服务能够达到预期的成果。

全过程工程咨询的蓬勃发展的更高要求

随着《国务院办公厅关于促进建筑健康发展的意见》（国办发〔2017〕19）和《国家发展改革委住房城乡建设部关于推进全过程工程咨询服务发展的指导意见》（发改投资规〔2019〕515）的颁布实施，全过程工程咨询在我国得到了迅猛的发展。工程造价行业由于其具有的全过程造价管理或投资管控的天然优势成为强有力的全过程工程咨询的牵头人，但工程造价专业人员表达能力的欠缺也同时成为主导全过程工程咨询业务的桎梏。

全过程工程咨询绝不是传统分阶段咨询或分专业咨询的简单叠加，而是一种咨询方式的革命性改变。

1.需求导向咨询模式

传统的工程咨询可以看作是按照委托人的要求完成某阶段某专业的明确任务，而任务的完成方式或完成标准均具备相应的专业依据，咨询人员只需掌握相应的专业依据或规范，在尽可能短的时间内尽可能高标准地完成委托人交代的任务即可。而全过程工程咨询的目的是通过咨询的专业能力为委托人创造更大的价值。委托人通常只能提出模糊的项目功能需求，全过程工程咨询机构需要将这些需求描述为可实现的专业任务，同时进行各种方案策划与比选，寻求为委托人带来最大价值的方案。与此同时，咨询人员可能还要面临说服委托人的挑战和困难，以达到改变委托人初始可能存在的不合理或不必要需求从而策划得到最优方案的目的。此时，咨询人员的专业表达能力就非常重要，如何采用委托人能够理解和接受的表达方式和通俗语言实现咨询期望达到的专业目标就成为全过程工程咨询中各咨询人员需要解决的关键难题。

2.多专业配合的咨询团队

由于全过程工程咨询任务的体量和复杂性，很多全过程工程咨询团队多达十几人甚至几十人。如果是在联合体进行全过程工程咨询的情况下，咨询团队的组织结构会更加复杂。要成为这样一个咨询团队的总负责人，专业技术能力再强也是不能完全满足要求的。如何构建咨询团队的组织架构，如何进行咨询团队的合理分工和有效监管，如何协调、均衡几乎不可避免发生的咨询团队内部之间的观点和方向分歧，都主要依赖于咨询团队总负责人的组织、沟通、协调、表达能力。只有全过程咨询总负责人不仅专业技术能力强，而且组织、沟通、协调、表达能力也强，才能让咨询团队的多人形成合力，产生1+1>2的集成效应。

3.建设项目多主体之间沟通和协调的困难

通常，采用全过程工程咨询的建设工程项目无论在建设规模、专业构成以及涉及主体等方面都是很复杂的。我国目前主要在政府投资项目中牵头推广全过程工程咨询模式，以起到示范性作用，而政府投资项目管理主体更加复杂。咨询人员除了面对发包人、承包人、勘察方、设计方、供应商等多方主体间的复杂关系，同时还需要协调发改部门、住建部门、财政部门、审计部门以及专业主管部门之间的关系，虽然这些工作可以通过技术性手段（例如BIM平台等）予以辅助解决，但咨询总负责人的专业沟通和表达能力依然是不可或缺的。

从工程咨询行业的发展方向和前景来看，工程造价专业人员仅具备扎实专业基础和技术能力已经不能满足现代化咨询的需求，并且同设计单位天然具备的在工程建设项目中的主导性地位以及监理单位天然具备的工程建设项目管理过程中的多方沟通能力相比，工程造价专业人员在沟通、协调方面是处于劣势的。

因此在这样的新形势下，工程造价专业人员一定要奋起直追，补足短板。在夯实已有的专业技术能力并且逐渐扩展延伸到其他领域专业技术能力的基础上，需要着力改变目前普遍存在的"拙于言、敏于行"的工作状态，应勇于表达、善于表达、敢于表达，不仅要"能做"，还要做到"会说"，争取成为"又帅又能打"的工程造价专业人才。

（作者单位：天津理工大学管理学院）

我和工程造价的不解情缘

□ 冯安怀

2016年，党支部开展"两学一做"专题教育活动

看到主题是"我和工程造价"征文，这便令我浮想联翩，勾起了满心的话语。

想想反正是"书写奋斗历程，展望改革愿景"的回顾文章，于理性冷峻的沟廻崖岸之间，铺洒点脉脉温情的红花绿草，透露些可人的样貌来，兴许会别开生面，起到衬托与点缀的作用哩。于是脸一抹，心一横，写，就这么定了！

造价于我是爱人

1979年4月，我以安康县第一名的考试成绩，被招录到当时的安康地区建筑设计室工作，上班时还不满十九岁，年少轻狂。那是一个崇尚知识和知识分子的年代，设计室无疑是我们那个地方最好的单位，知识分子云集，技术人员扎堆。当时心里也是莫名的忐忑与得意，得意的是，可以顶着一个所谓招考"状元"的虚名，到处被人夸赞几句；忐忑的是，对于建筑设计专业知识，那可是一片空白呀！

好在领导早有安排，一进单位就接受了为期半年的建筑设计培训，接着又到安康县建筑公司的施工工地进行现场实习。带我实习的师傅是一个姓刘的施工员，大我10岁，初中文化，木工出身，识得图纸，做得预算，能说会道，精明强干，在县建司二工段负责抽筋算量下料单，放线预埋核计件，一天到晚忙得团团转。我在老老实实跟着师傅学习的同时，也用半年学来的专业知识时不时地与师傅交流交流，深得师傅器重与喜欢。师傅对他自己熟悉定额、会做预算非常得意，也确实因此赢得了上上下下的尊重和周围工人们的追捧。师傅时常教导我要用心学习和总结积累算量套价下料收方等方面的知识和方法——这也算是我最早与工程造价沾上了边。

时间长了，我们彼此才知道师傅还是我哥哥的老同学，我们的关系又亲近了一步。师傅也更关心我了，在指导业务的同时，常常跟我说，我们一起工作的一个女孩很文静很出色，走路风摆柳，一笑俩酒窝。半开玩笑半认真，撩拨懵懂少年心……

三个多月的现场实习很快就结束了，我们又被安排到西安市建筑设计院工作进修。我被分配到建筑专业设计室，酒窝女孩则被分配到隔壁的预算室。近水楼台，又是这么好的姑娘，干嘛不追呢？于是脸一抹，心一横，追，就这么定了！

我常常以进修小组组长的名义关心她的工作学习与生活，有机会要接近，没有机会创造机会也要接近——自此，什么预算子目分部分项，什么主材辅材国拨部管等，夹带着她的靥笑细语，一股脑地涌进上了我的眉梢心间……

帮她抽筋、助她算量、代她誊表、替她套项，各种幸福的累甜蜜的忙，终于从谈估说概到谈情说爱又谈婚论嫁——这辈子真的算是与"工程造价"结下了不解情缘！

对许多人而言，工程造价可能只是一种职业、一份生计，但对我而言，工程造价则承载着我的一段生命和一生幸福，可以毫不夸张地说，造价于我是爱人！

造价终端系民生

不同的发展要求与政策环境，就会催生出不同的市场生态，深刻地影响着基层群众的职业生活。随着国家经济体制改革的不断深入，工程造价管理也相应地发生了一系列变化，改变着相关的部门不同单位工作人员的工作状态与生活状态。

安康地区在1984年成立了定额站，开展省颁计价及费用定额等建设工程计价依据的宣贯、解释和纠纷调解工作；1988年起负责推行招标投标制度，到1993年又从定额站分设出招标办。

2016年，时任住房和城乡建设部标准定额司副巡视员卫明到协会调研指导工作

在20世纪90年代之前，设计概算一直受到建设各方，尤其是计划、财政和金融部门的高度重视，概算人员工作任务饱满，整天忙得不可开交，到90年代初开始便慢慢清闲了下来。及至90年代中期，许多中小设计院所，概算人员逐渐被边缘化甚至于取消或不再设置造价专业科室了。随着工程招标投标工作的大面积开展，造价咨询单位和招标代理机构如雨后春笋越来越多，业务范围也覆盖了设计概算工作。我所在的设计单位不断升格壮大，名字也越来越高大上，由设计室到设计院、再到设计研究院。

2000年8月，组织上有意派我接任安康市定额站站长一职，我有些犹豫了——常言讲人过三十不学艺，我已年逾不惑，再说作了二十多年建筑设计，主任、经理、副院长干了个遍，去新单位，涉新领域，能行吗？好在我的大学同学在省定额总站当副站长，又是全省造价专业的技术权威，经他指点迷津——事不多有干的，钱不多有赚的，上下左右帮助你，个人发展有时机。于是脸一抹，心一横，去，就这么定了！

去了才晓得，钱不多是真的，事不多是假的！安康是一个秦巴山中的五线城市，建设规模总量较小，那时的经费来源是定额测定费，比例低不说，还时常减免，工作经费捉襟见肘，日子过得紧紧巴巴。但日子再难，总得有人咬牙过，工作再多，总得有人坚持干呀！

就这样，21世纪伊始，我正式成为工程造价管理行列的一名新兵！

从事造价管理工作以后，才知道安康市的造价从业人员有四五百人之众，遍及建设单位、施工单位、财政审计金融等各个部门。县上的一个中级造价师，一般都被视为业务技术权威，参与各种评审、审查和研讨工作，成为领导决策的重要参谋。广大造价工作者，在投资决策、造价控制、招标投标和工程价款结算等各项工作中发挥着积极的作用。

每当新的造价政策出台，造价员接受继续教育的热情高涨，虽然文化程度参差不齐，但在学习新知识钻研新技能的问题上，却都当仁不让，争先恐后。在工作中，我还结识了这样的两对小夫妻，都是因一方是造价员使用工具软件，对造价软件产生了浓厚的兴趣，转而销售软件甚至研发软件。其中一位还成立了软件公司，直到今天，依然活跃在陕西的工程造价市场上。每逢业务培训，他们总是带领着一帮年轻的大学生，介绍软件、教学程序、回访用户，忙得不亦说乎。此情此景，令人难忘，斯人斯事，着实可爱。

推想全省、全国，为祖国建设而忙碌、奋斗着的造价人数以百万计，而与其相关的行业所涉及的劳动者何止上亿，他们在推动建设事业高速发展的同时，也创造着自己的幸福生活，实现着自己的美好愿望。

筑梦中华，有我一份。想想，很美！

脱胎换骨大革命

初到定额站的时候，还实行的是定额计价，陕西省《99预算定额》也刚刚颁行不久。站上的同志们，整天忙着定额解释、纠纷调解、建材信息采集和动态调价系数的定期测算发布。我的同事们不仅熟悉业务，而且特别热爱自己的本职工作，加之夫人是我的门内师，省总站领导兼技术权威又是我的老同学，我虽笨点却很努力，在这种"三维立体式"的帮助与熏陶下，我很快就胜任了新角色。

2004年，陕西省全面推行建设工程工程量清单计价改革，发布了《陕西省建设工程工程量清单计价规则》和建筑、装饰、安装、市政、园林各专业工程的《消耗量定额》及配套的《参考费率》等相关计价依据。2005年，又根据执行中发现的一些具体问题，研究制定了《关于实施〈陕西省建设工程工程量清单计价规则〉的意见》，以引导全省清单计价工作健康发展。2008年陕西省人民政府第133号令发布了《陕西省建设工程造价管理办法》，陕西造价管理有了第一部地方行政法规。陕西的工程造价行业一时间大事连台、好事不断。

2017年，加强和改善工程造价监管工作研讨会

记得当时一位主抓这项工作的省建设厅老领导曾评价清单计价改革，一定意义上讲，从定额计价到清单计价无疑是一项革命，一项脱胎换骨的改革！有幸的是，本人见证了这项重大改革的全过程。

在2012年下半年卸任站长之后，局党委派我到安康职业技术学院作重点建设项目的帮扶干部，工业园区领导介绍我去一家招引入园的重点企业当工程部总工，西安仲裁委聘我作仲裁员，安康学院邀我作"特聘教授"给孩子们讲授工程造价课程，某司法鉴定机构请我作司法鉴定人，甚至还有位律师朋友打造价纠纷官司，非要拉着我一道出庭做起了一般代理人。我这个"会设计懂造价"的小老头，一下子变成了抢手的"香饽饽"。年过半百再次面临人生的重要转型和角色的频繁切换，多少有些蒙圈且伴随着怕苦怕累怕折面儿的畏难情绪。考虑到既能发挥余热，又有津贴进项，还可以从不同角度体察工程造价在最基层的真实应用状况，积累更多的专业经验，何乐不为。于是脸一抹，心一横，干，就这么定了！

这一番"江湖游历"收获颇丰，体会有三：第一，能够进入工程建设市场的建设工程，各方博弈到最终都要落实在"工程造价"上；第二，在"工程造价"形成的过程中，相关各方都会因市场和现场实际可能的不确定性所引起"造价"的不确定性而焦虑和互疑；第三，各方主体都在追求"造价"效益的最大化，只不过是对"效益"的内涵各有定义，对"最大"的衡量各有尺度罢了！

工程造价咨询人员的任务，就是凭借自己的技能、经验、智慧和热情，拿出逼近事实真相的模型，为各方达成共识服务，以完成合同规定的某个物态或时态节点直至全寿命终结的造价确认工作。

价协召我叶归根

2017年4月，我被借调到陕西省建设工程造价管理协会（以下简称"陕价协"）任副秘书长，结束了长达五年的游离工作状态。于公，有点"老兵归队"的意味；于私，有种"叶落归根"的感觉，也给即将到来的退休生活搭建了一个不错的平台。对此，我没有半点顾盼彷徨，有的只是心存感恩。

陕价协虽说与中价协没有隶属关系，但在内心里一直都把中价协奉为娘家，在两个协会的交流与工作过程中，我个人亦是获益多多。

其实，就我个人而言，与中价协可谓神交久矣。

早在2003年6月，我曾在《中国建设报》上发表过一篇题为《造价控制的重点应转移到设计阶段》的论文，文章将本人在长期从事建筑设计工作中积累的经验教训和已有的造价管理知识结合起来思考，阐述了在建设工程工程量清单计价模式下，如何从设计阶段入手，早期进行工程造价控制的意见建议。文章的发表受到市里领导的高度重视和好评，也鼓舞了我把更多的精力投放在对造价管理工作的深度思考上。

2004年，在省总站的推荐下，我们订阅了中价协主办的《工程造价管理》期刊，从中了解到大量的党和政府有关方针、政策及工程造价管理改革、工程造价咨询行业工作动态；了解到各地区、各部门工程造价管理的工作经验，了解到国内外工程造价管理方面的专业理论和前沿资讯。

　　2006年初，陕西省建设厅组织开展了"工程价款结算暂行办法执行情况检查"活动，本人担任安康市检查工作的牵头人，带着检查中发现的具体问题，本人撰写了《应提倡积极的造价管理——开展"工程价款结算暂行办法执行情况检查"活动的启示》发表于《工程造价管理》2006年第5期"地方动态"专栏。文章关于防止工程价款拖欠问题的思考对于解决现实问题，依然具有一定的启示作用。

2017年，首届全国工程造价纠纷调解员培训班

　　2009年，中价协组织开展第五届全国优秀论文评选活动，本人撰写的《综合单价详细评审是最低价中标的关键——兼论招标控制价在评标中的重要作用》获评一等奖，并刊发于《工程造价管理》。文章设计了"导引式招标控制文件"和"修正式招标报价文件"的招标投标新模式，突出强调了综合单价详细评审在评标定标过程中的重要作用并提出了具体的操作方法与步骤。结合本人多年的工作和学习感悟，联系国内目前的发展状况和发展方向，即今看来，上述方法也还存在着一定的研究与应用价值。

　　到陕价协工作后，我又撰写了《发挥协会服务职能 引导行业转型升级》一文，发表于《工程造价管理》2019第5期"工程造价管理改革"专栏，对省协会近几年的工作亮点进行了归纳和总结。

退而不休又登程

　　走进陕价协，我成了地道的"兵头将尾"。在秘书处的队伍中，我属最年长的老同事；在驻会领导的阵容里，我是最年轻的"小伙计"。在原来的环境中，我已到"发挥余热"的境地，在这个集体里，我却成了"新鲜血液"。协会领导对我也是"重点培养"，被不断地派出去强化培训、充电学习。

2018年6月12～15日，参加了中价协在北京举办的"工程造价咨询企业核心人才培训班"；

2018年10月17～19日，参加了中价协在北京举办的"BIM工程造价专题高端培训班"；

……

经常性的外出学习和陕价协本身的各种讲座研讨培训会，再加上兄弟省市价协的相互交流，使我对国内外工程咨询尤其是造价咨询行业发展状况有了了解，对全过程工程咨询的战略有了新的思考，对BIM技术及其在全过程造价咨询中的应用有了一定的认识。

比较造价咨询业务收入的巨大差异令人惊叹，有的企业年入几万几十万，有的企业收入千万，放眼全国，年入过亿甚至几亿的企业已不在少数。这充分说明，陕西的造价咨询企业还有不小的提升空间，工程造价咨询市场前景广阔，大有可为！

再看行业的数字化发展水平，今天发布《端云大数据一体化解决方案》；明天开发《基于BIM的全过程工程咨询管理平台》；后天推出《智慧造价机器人》，没有最好，只有更好，日新月异，突飞猛进，叫人眼花缭乱、应接不暇。造价咨询行业俨然成为建设数字中国的先行，荟萃复合人才的洼地，锤炼业务精英的校场。遥想当年，手写笔算，何其艰难；及至稍近，能够使用软件抽筋算量列单套项已属不易。抚今追昔，展望未来，不由信心倍增、豪情满怀。

这一切的一切，犹如掀开了一扇扇天窗，使我大开眼界、豁然开朗，让我对工程造价咨询行业的发展有了全新的认识。才醒悟到自己的孤陋寡闻，才真切地感受到"外面的世界很精彩"，不由发出"山中数日，世上千年"的感慨！

我与工程造价40年已成往事，回忆固然美好，但未来更值期待。

我将倍加珍惜这"退而不休"的工作机会，搭乘工程造价协会航船远行，甘做一名普通水手，为推进陕西工程造价咨询航船由红海驶向蓝海，奋力而为，勇敢探索！

这感觉，倍儿爽！

（作者单位：陕西省建设工程造价管理协会）

2017年，党支部组织参观"砥砺奋进的五年"大型成就展

生命本是一次旅行

□ 韩振虎

从事造价工作已32年有余，从当初十八九岁的毛头小伙到如今年过半百的中年大叔，造价工作一直伴我成长。其间有风雨沧桑，也有晴空相伴，皆是难忘的回忆，更喜逢今年中国建设工程造价管理协会成立30周年，作为中价协个人会员，今天有幸跟大家分享一二。

淖柳公路的故事

2011年春，单位承接了广汇集团淖柳公路二期建设项目的全过程造价咨询业务，安排我担任项目经理并负责具体跟踪审计。该项目建设起点在哈密淖毛湖镇，说实话当时我连淖毛湖在哪里都不清楚，"淖"字怎么读都是查了字典的。记得当时是清明的前几日，接业主通知去现场进行第一次进度支付的审核。我和同事紧锣密鼓地打包行李，先乘飞机到哈密，之后坐大巴车，辗转前往淖毛湖镇，车上乘客基本都是外地的农民工，听口音好像是四川来的。一路上都是戈壁和秃山，车上播放着非常好听的流行歌曲，我和同事晕晕乎乎的快睡着了。突然，我们被惊叫声吵醒："快看，雪，好白好漂亮哎！"原来是沿途山里的松树上的积雪，厚厚的一点也没有融化，天空湛蓝，空气清新，令人神清气爽。同车的乘客纷纷拿出手机拍照，无关手机像素，随手一拍都是可以拿来当电脑桌面壁纸的大片，我也觉得好像风景区一样，后来才知道，这片就是巴里坤大草原。

经过4个多小时行驶，终于到了淖毛湖镇。跟业主会面后，才知道项目全长近400公里，从淖毛湖镇一直到甘肃柳园附近，总投资4个多亿元。业主提及项目需求的同时，还告诉我们项目沿线没有住宿的宾馆，吃住只能在现场工地，同施工人员同住宿。经过短暂的考虑，我们立刻给单位领导汇报，并且当天下午在淖毛湖镇买了铺盖等行李，第二天，搭乘施工单位的皮卡车，与业主一同进行全线的实际已完工作量的查看。

2017年，澳大利亚工料测量师协会主席来访

一路上，我和同事要对各个标段完成的道路基层、路基防护、涵洞构筑物等一一做核对。由于这条企业路是专门修建的运货专线，属于边运营边施工的性质，全线跑的运营车辆都是重型大货车，原路又是砂砾路，基本上一路都是尘土漫天，行车视线非常不好，安全是最大的隐患。还有就是因为是茫茫的戈壁滩，一路上那个热就别提了，可以说湿透了全身。当天只看了不到一半的里程，晚上要在沿线住宿，施工方安排他们的工人挤一挤，给我们腾出两个床位，这是在靠山坡搭建的彩板房。四月的天气，晚上还是挺冷的，而且还透风，我们买的被子褥子还是有点薄。半夜里同事闹肚子，陪同事去方便，看到外面漆黑一片，山风刮得呼呼响，刺骨的冷，只有满天的星星特别的亮、特别的大，跟小时候的感觉一样。这是个看星星的好地方，说实话在城市里有多少年都没有看见过星星了。第三天收拾好铺盖继续赶路，又是整整一天，一直到深夜才把项目全线跑完，顺利地完成了第一次的进度审核工作。回乌鲁木齐时我们是在玉门镇坐火车，顺便逛了逛小镇，那里的春天确实比我们这里的早，不禁想起了"春风不度玉门关"的诗句。虽苦且累，但心旷神怡。

记得还有一次是在九月份去淖毛湖，路上经过一片草原湿地，原野辽阔，莽莽苍苍，风景特别好，只是没有时间下车看看。淖毛湖镇的甜瓜是特产，特别甜，专销内地及出口国外。还有胡杨林和玛瑙滩，都是很好玩的地方。记得当时看着茫茫的戈壁、草原，我还诗兴大发，赋得七律一首：

出差淖柳公路作

百曲清歌绕草原，千里现场来踏勘。
哈密大漠风怒吼，广汇飞狐志无边。
矿区矗立纵拔地，淖柳延绵横连天。
醉爱西域英豪气，胡杨茇茇伴我眠。

直到现在，我还忘不了那个看星星的夜晚，还有淖毛湖的甜瓜和那片草原。

雅山隧道项目

2012年10月，乌鲁木齐田子路二期改扩建工程，我单位承接了B4标段雅山隧道项目的全过程造价咨询，单位安排我编制清单控制价。说实话以前从来没有接触过隧道项目，单位也没有同事做过类似的工程，而且业主要求的时间也比较紧。怕耽误进展，我跟领导如实说没有做过，领导说万事都有第一次，总得有人去第一个吃螃蟹，我没办法只得硬着头皮上，颇有一种豁出去的架势。

我首先认认真真地把招标设计图纸的设计说明通读了几遍，并对自己认为重要的地方进行了圈画与摘抄，对那些不清楚的专业名词什么新奥法、护拱、锚杆、小导管、超前小导管、掌子面、仰拱、模板台车、围岩等级、明洞、暗洞等，通过百度百科进行查阅，观看隧道施工的视频，了解隧道施工的施工组织设计方案，又通过单位系统内找到了外省兄弟行隧道工程的一个清单模板。通过几天的摸索，终于基本搞清楚了隧道的整个施工工艺流程，清楚了如何进行清单列项和项目特征描述，按期编制出了工程量清单。在编制控制价时，因为当时本地市政定额还没有隧道的章节，我单位就与当地造价协会联系求助，在协会的指导下，采用借用公路定额隧道子目的消耗量按市政定额的人材机进行组价的方法，终于按业主要求的时间完成了控制价的编制，并在业主组织的各方控制价评审中基本一次通过，使项目得以如期进行开标。

通过这个项目，我不仅掌握了隧道的专业知识，扩展了自己的业务领域，我单位也与当地造价协会建立了深厚的情谊。同时个人明白了一个道理：没有什么是不可以的，只要你自己肯学习，即使是没有干过的，一样可以把它做好；同时做任何事情都不能畏难不前。

生命本是一次旅行，在乎的不是目的地，而是沿途的风景。从事造价工作这些年让我跑了许多地方，看了许多的风景，增长了许多见识。前路漫漫，相信在互联网技术日新月异的今天，在工程造价市场化改革，国际化运行，数字化、信息化创新转型以及 BIM 技术、云计算、大数据等新技术应用日益成熟的时代背景下，我们造价业务一定会迎来姹紫嫣红的又一春，我也会沿着造价这条路一直走下去。

（作者单位：中国建设银行股份有限公司新疆维吾尔自治区分行）

时不我待　只争朝夕

□ 孙元乐

　　中华民族是对工程项目造价认识最早的民族之一。早在2000多年前，我国春秋战国时期的科学技术名著《考工记》中就已记载："凡修筑沟渠堤防，一定要先以匠人一天修筑的进度为参照，再以一里工程所需的匠人数和天数来预算这个工程的劳力，然后方可调配人力，进行施工。"这是人类最早的关于工程造价预算控制的文字记录之一。

　　一滴水可以折射太阳的光辉。造价业的发展壮大，见证了中国改革开放的壮阔历程。

　　改革开放以来，国家投资建设项目越来越多，也赋予了造价人更多的使命。随着国民经济的发展，时代的巨轮一路高歌猛进，一座座高楼拔地而起，一条条铁路纵横交错，一道道桥梁翻山越岭，一项项超级工程享誉世界，"基建狂魔"屡屡热搜刷屏的背后，是工程造价业的蓬勃发展，和一代代造价从业人的孜孜付出。

　　作为工程造价从业人员，我从业20年，依托工程造价这个平台参与到了时代发展的大潮中，有幸见证了从手工算量计价到电脑应用，再到智能算量计价，再到BIM的应用，从造价角度见证了行业的飞速发展。

　　人的一生，有不少偶然性的因素决定了所选择的道路。作为一名食品专业的本科生，最初进入工程造价行业确实是误打误撞，并不符合我最初的预想。但这偶然当中，想必也有缘分和巧合的因素，让我踏进了工程造价行业的大门。刚开始的时候，我只是把造价作为一份糊口的工作，但在一次次的测量中、一回回的奔走中、一份份的预算中，我对这个行业的认知慢慢发生了变化，也慢慢爱上了这门接地气的工作。

工程造价是一项政策性、技术性、经济性和实践性都很强的工作。从业20年来，我从一个对工作要求和流程不甚熟悉的新手，经过长时间的信息积累和不断学习，经过一个个工程项目的重重磨砺，成长为一个有着些许经验的老手。如今，工程造价不仅是我赖以为生的工作手段，更是我热爱的、愿意为之付出自己时间和精力的美好事业，也让我对行业有了更多的感触。

2018年，第七届理事会第二次常务理事会

从事工程造价行业，一定要有严谨的工作态度。在造价中，算量套价及测算过程中往往失之毫厘，谬以千里。看似简单的计量单位，如果不仔细检查换算，往往会出错。例如在信息套价过程中，吨和千克倘若忘记换算，最后可能会产生几千倍的差距；软件使用过程中以10平方米作为基础单位的单项也比比皆是。因此，我时常告诉自己不要轻视任何一个数字、小数点和计量单位。在每次测算时，都集中精神，通过正向检查、负向指标验证，把每项检查落到实处。

从事工程造价工作，要重视知识和经验的积累。这个行业需要从业者具有更高的专业素质，既要从书本上学到理论知识，又要活用专业书籍，懂得根据实际施工工艺编制最合适的清单，否则项目特征和实际施工工艺不符或者未能正确反映施工实际，很容易产生后续矛盾。例如，没有桩基图纸会明示需要建造泥浆池，但泥浆池是钻孔灌注桩施工过程中必不可少的施工工艺，必须要在清单中有所体现。因此对于陌生的情况，我习惯跟有经验的老师傅或监理员多沟通，勤学多问，尽量多地了解施工工艺和材料设备。只有放下身段，虚心请教，才能将书本上的理论知识和现实中的实际经验相结合，成为一名真正懂得工程造价工作的合格操作员。

从事工程造价工作，还要会触类旁通。因为一个建设项目并不只涉及某一单一的专业，还会涉及多个相关领域，因此就要求从事工程造价的工作人员专业知识全面，业务知识精通，现行法规政策及时掌握。例如价格不仅要会参考信息价，还要将曾经使用的人工、材料、机械的价格做成信息库，以便之后的项目使用。同样收集的还可以是最新的政策法规、审计案例，帮助甲方及时规避审计风险。就造价本身而言，我在其他项目中碰到过，清单编制过程时项目特征中明确加灌长度，由于实际结算的加灌长度根据打桩记录计取，造成了加灌长度与原清单不符从而需要重新组价的情况。在之后的清单编制过程中，我的清单工程量就不含加灌长度且考虑在综合单价中。而这些小知识都需要开阔的视野和大量经验数据的积累。

古人云："天下事有难易乎？为之，则难者亦易矣；不为，则易者亦难矣。"工程造价行业也是如此。说简单也简单，只要通过大量的项目实践，不断的信息积累，凭借对工作认真负责的态度和虚心求教的心理，一定可以积累经验，提高个人的专业素质，在工程造价行业闯出属于自己的天地。而工程造价说难也难。因为要想取得一番成就，一定要吃得了苦，下得了力，躬身入局，深入施工一线，终身学习，不断进取，才能在造价行业中生根发芽，开出灿烂的花来。

谁能勤勉有为，谁就能抢占先机。为适应社会经济发展需要，业务类型多样化，项目体量不断扩大，投资额快速增长，涉及面更广，层次更深，对造价人员的业务能力要求也越来越高。正是在这样的时代之中，才更加需要每一位造价人明初心、承大任、劳筋骨，方能在未来担道义，绘宏图，展抱负。常有时不我待、只争朝夕的紧迫感和使命感。

时不我待、只争朝夕，贵在提起精神。新时代的造价人需要始终强化时间意识、效率意识，以刻不容缓的决心、以最小的时间成本和最高的效率干成事。

时不我待、只争朝夕，贵在紧随时代。新时代的造价人需要运用互联网、大数据等新知识武装头脑，提高自身素质。

时不我待、只争朝夕，贵在树立恒心。中价协的第一个30年过去了，还将迎来下一个更辉煌的30年，我身处其中，愿意做好一个小小的螺丝钉，认真履行工程造价人的职责，不怕苦不怕累，勇于实践、敢于争先。

当把个人的成长放置在行进中的中国这个大背景下，就能体会到我们能身处这个时代节点的幸运和不易。百年前，无数前辈、先贤还在为中国未来的命运苦苦求索；百年后的今天，中国前所未有地接近中华民族伟大复兴的时刻。数百年的沧桑巨变，也许许多人从未经历，但这来之不易的幸福生活，你我正有幸共享。这是一个不再羞于谈论梦想的时代，它助力这片土地上无数平凡人的梦想落地开花。

2018年，住房和城乡建设部副部长为造价协会讲党课

奋斗是新时代的主旋律。"有一分热，发一分光，就令萤火一般，也可以在黑暗里发一点光，不必等候炬火。"我愿意为了自己的美好未来，为了工程造价行业的蓬勃发展，为国家的投资建设出一份力，也在中国民族伟大复兴的宏伟蓝图上，留下我们造价人绚丽多彩的一笔。

行进中的中国，给了我们最大的底气。造价行业的下一个30年，更多精彩的故事，将由你、我和这片土地上生长的千万名造价人一起书写。

（作者单位：世明建设项目管理有限公司）

追忆我的手算时代

□ 张生玉

    随着我国科技的不断发展进步，工程造价行业也顺应时代发展不断进行革新。工程造价计量方式从最初的手抄算量、电子表格算量再逐步转变为三维软件算量，目前正朝着基于BIM实务量的三维算量发展。作为一名见证了造价计量发展变革的造价师，既感叹于算量软件所带来的简便快捷，又深刻意识到当前造价从业者过分依赖造价软件，忽视了作为从业者应当具备的最基本的专业知识和专业能力。回顾我的造价手算时代，深切体会到造价从业者综合素质高低对建设项目的成本控制起着至关重要的作用。

    我所学专业是工业与民用建筑，20世纪90年代初毕业后就到了一家施工单位做起了预算工作，也就是预算员。这一时期工程建设项目还相对较少，电脑使用还未普及，预算软件开发也相对比较落后。预算员的工作主要包括两部分：一部分是建设项目的测量放线工作（包括用水准仪抄平放线和用经纬仪对建筑物垂直度进行检测），由于预算员经常深入施工现场，所以说年龄比较大的预算员对施工工艺、施工方法都非常熟悉，这对做好预算工作有很大的帮助；另一部分就是预算工作，主要内容就是图纸会审、预算编制、材料计划、签证编制、结算编制及核对等。

    那时候的图纸会审主要以预算员为主，图纸会审前由预算员、技术员和各班组组长提出问题，然后汇总到预算员。图纸会审时，由预算员与建筑设计院设计工程师及甲方代表一起就所提问题进行沟通，最终将由预算员根据图纸会审的问题答复进行整理汇总，最终形成四方签字的图纸会审资料。所以早期预算员对于图纸会审每一项内容的来龙去脉都是十分了解的，对于图纸也更加熟悉，便于其后期对于预算的编制。

预算编制主要包括工程量计算、预算定额套用、人材机分析、各种材料调差、取费等，而那时完成这些工作全部都是采用手工计算。

工程量计算包括分项工程量和钢筋抽样工程量计算两部分。那时候的预算员对定额工程量计算规则都非常熟悉，如果不熟悉工程量计算规则，就得随算随翻看定额。因此为了节约时间、提升效率，大部分预算员对于计算规则都了熟于胸，比较优秀的预算员甚至能熟练背诵工程量计算规则。列完工程量计算式之后汇总工程量，

2015年，时任住房和城乡建设部标准定额司副司长王玮来会调研指导工作

此时就全部依靠计算器去计算。当时使用计算器基本都是盲打，因为大部分按键上的数字已经磨掉了。由此可见，工程量计算对于当时的预算员来说是一项非常艰巨且需要足够细心、专心的工作。

早期预算定额的套用不像现在如此便捷，可以直接通过软件设置对已经计算完成的工程量进行定额的自动套取。当时套定额完全是随翻看定额随套用，而且套用定额完成后还要手工进行人材机的分析。那时，填写人材机分析表的工作量是比较繁重的，需要根据套用定额把每个定额里面包含的人材机含量乘以工程量都逐项填写到人材机分析表里面，之后再将所有分析完成后的各种材料总用量进行汇总，作为提取材料计划的依据。由于从定额套用到人材机分析要翻看两遍定额，所有定额号通过长时间的翻看基本都已经深深印刻在大脑里面，这是现在大部分预算员所望尘莫及的。另一方面，因为材料分析汇总后要作为采购材料计划的依据，这就要求预算员计算工程量和材料分析都必须非常准确，误差率不能大于2%，误差率过大就会对建筑自身成本造成比较大的影响，预算员也会被

通报处罚。

工程计量和计价完成之后，各项费用的计取工作也非常重要，因为各项费用在工程造价中所占的比重很大，定额套取完成后就要汇总定额直接费、人工费、机械费，这三项费用作为计费的基础，其准确性非常重要，需用计算器对汇总的数据反复检查，来保证计费基数的绝对准确。之后再一一计取管理费、利润、材料调差、规费、税金等各项费用。早期预算员对计费程序、各种费率都非常熟悉，如果某预算员在取费程序上出现错误，那这名预算员就是非常不合格的，严重的甚至会被公司调离岗位或清退。而现在造价人员只需要根据软件设置点击鼠标就又快又准的完成取费工作。

对于现场签证，早期预算员需要到施工现场参与具体的签证工作，从现场测量到分析签证的必要性都要拿主导意见。预算员只有把签证做好，才能把工程签证该要的钱都要回来，那时候业界有句流行语叫"挣钱不挣钱，全凭预算员"。可见一个好的预算员对于工程建设造价控制的重要性。

时代在变化，建设项目不断地增加、增大、增高，建设项目工程造价计量计价工作也早已从手算时代转变为电脑软件协助办公。因此现在不仅是大家对项目的成本控制要求不断提高，对从事工程造价人员的综合素质要求也在提高。虽然软件算量已经成为造价人员日常工作的主要方式，但是对于造价人员来说，依然要掌握好计算规则和定额，软件只是协助造价人员工作的一种便利手段，成本控制的根本还是造价人员本身的专业水平和经验积累，也只有这样才能真正确保工程造价的准确性，有效控制成本。不管在什么时代，从事造价的人员在建筑行业中都起着举足轻重的作用，是整个工程项目建设成本的规划师。一名专业造价人员的基本素质与一项工程建设的赢利与否有着密不可分的关系，提高专业造价工程人员的基本素质对工程经济建设非常重要。

（作者单位：中正信造价咨询有限公司）

忘不了与造价的初次相遇

□ 罗付文

2018年，全国信用评价工作会议

　　岁月总是在不经意间流走，如果不是中国建设工程造价管理协会组织此次征文，可能我不会静下来回想工作以来的经历。虽然有的事情已有十年之远，但回忆起来总是历历在目，工作中的点点滴滴，就像雨水一般清晰，雨水掉落在地上，总是能够留下痕迹，只是打下的水窝大小不同而已。自己与工程造价结缘，要回忆到11年前的7月。

　　忘不了自己与工程造价的初次"相遇"，那是十余年缘分的起点。2009年7月，我从火热的重庆大都市，来到爽爽的贵阳，加入建设银行这个大家庭，也加入了贵州省工程造价协会这个大组织。那时候的我，很懵懂、眼睛充满好奇，与无数从象牙塔来到社会上的大学生一样，对世界充满了好奇，身体充满了力量和热情，遇到问题却往往感到无能为力，发现自己还需要学习的东西太多太多。我在建设银行这个金融大家庭里面从事工程造价咨询工作，在这个大平台里面就这样开启了我的造价咨询工作之旅。

　　忘不了自己经手的第一个项目，真正开始了自己的工程造价之路。那是一个土石方工程预算编制，指导老师只安排了任务，这对我却是一个艰巨的挑战！由于还没有使用过神机妙算软件，还对贵州省建筑工程计价定额不熟悉。为了更好地完成项目，我一点一滴开始熟悉贵州省建筑工程计价定额，将每一章的定额说明都抄写了一遍；下班回到家研究软件的使用，通过学习视频了解软件的操作步骤；利用周末的时间，到软件公司学习建模算量，计量计价……天道酬勤，经过一段时间的努力学习，我迅速地掌握了市场常用的计量计价软件的操作方法，对贵州省建筑工程计价定额有了初步的认识和了解，这为我后来的工作奠定了基础。记得当时贵州市场上主要有三款算量计价软件，分别是神机妙算软件、鲁班软件和广联达软件，随着岁月的流逝，一些软件的使用率也逐步降低，甚至被市场淘汰了，今日回想起这些，也是感叹万分。

忘不了，一个个细小项目的完成，为自己积累的宝贵经验。2010年6月，我成了施秉县中等职业技术学校建设项目全过程造价咨询的项目经理，这是我经历的第一个全过程造价咨询项目。施秉县中等职业技术学校建设项目是由中国投资有限责任公司响应国家扶贫号召，与贵州省政府签订《定点扶贫工作框架协议》后实施的第一个建设项目，备受社会关注和领导重视，建设资金的合理使用自然成为一个管理重点。而我，成了这一管理重点的负责人！从此，绿皮火车为伴，开启了连续五年的扶贫项目造价咨询之旅。我见证了职校教学楼孔桩基础的开挖、孔桩混凝土的浇筑，柱梁板结构钢筋绑扎和混凝土浇筑，加气混凝土砌块的砌筑，门窗的安装，地板的铺贴，乳胶漆的喷涂；也见证了砂浆的拌制，混凝土的运输，测量放线，调试测试；见证了一栋栋教学楼从无到有的过程，拔地而起；见证了搬入新教学楼教师满意的笑容，孩子们欣喜的欢乐；也见证了施秉县人民的朴素和热情，就像杉木河漂流一样，充满阳光和欢乐。

忘不了经办毕节地区烟水站点工程跟踪审计时的点点滴滴。这个项目分属在毕节各个县城村落，由于项目需要，我们经办人员需每个月到项目地点查看项目进度情况，出具跟踪审计月度报告。每个月奔波于毕节各个县城村落烟水站点，看到工人们辛劳的汗水洒落在钢筋上，有时用双手遮住眼，只为了躲避被风吹起来的沙尘；下班欢乐地围坐在桌子边喝着啤酒，只因为一天的劳作已经结束。当然，让我印象更深刻的是，拉着皮尺测量孔桩的深度，用激光仪测量挡墙的长度。一天天看着各个烟叶站点从无到有，从开工到竣工验收，可能这就是我作为一个造价人员最有成就感的事了。这些项目就像是人生伴侣一样，随着岁月前进，他们一直相伴着我，它们在慢慢成熟，最终成为一栋栋有意义的建筑物，在烟草民生工程中发挥重要作用。而我，也在琢磨和学习中成长，直至与它们道别。

忘不了，在无数个项目的历练里见证贵州经济蓬勃发展和建设银行造价咨询平台的进步。近年来，我参与的项目有上市公司的国际大酒店，有纪委的监察办案点工程，有国有企业的办公大楼，更有大型基础设施建设项目——轨道交通工程。无数个项目的清单及拦标价编制、结算审查、全过程造价咨询，陪伴了我的青春和汗

2018年，赴江苏省工程造价管理协会考察调研工作

水。在工作中，有过埋怨，有过想要放弃的念头，有过困难，但这些都比不上完成项目后心中成功的喜悦。

曾经也有人问我，工程造价无非就是计量计价，在同样的岗位一直做着重复工作，不觉得枯燥吗？这也许是我们造价行业人员都面临过的问题。让我爱上工程造价，喜欢上工程造价，觉得工程造价不是简单的计量计价，是领导无意中的一句话。在一次出差的路上，闲谈中领导说"如果把工程造价作为一门技术来研究的话，还是挺有意思的"。所以，在研究工程造价的路上，我越走越远，越走越有兴趣，这就是我坚持工程造价行业十年的秘密。

不管在任何时候，我深信困难与机遇并存，改革与创新同在。在新时代发展的进程中，我们造价行业会面临一系列的变革，但我们造价行业的前途是光明的。我们造价行业人员一定不会缺席中国经济的飞速发展，一定会在中国大基建发展的进程中留下我们造价人的足迹，这就是我们造价人的价值体现。在时代的进程中，为我们国家经济发展贡献我们造价人特

殊的力量，这也是我们造价人的使命。

我不后悔加入工程造价这个大行业，成为一名造价人；我很热爱现在的自己，与工程造价为伴，在工程造价的岗位上继续贡献自己的力量，在工程造价的岗位上体现自己的人生价值；对未来千万造价人中的我，我充满了期待，未来我们使用的软件会越来越智能，我们的很多工作可能被机器所代替，但我们造价人被需要的可能更多，社会的发展也会对我们有更多更高的要求。而且，只要你愿意"将工程造价作为一件技术来研究"的话，你就会发现工程造价永远是一件很有趣的事情。

（作者单位：中国建设银行股份有限公司贵州省分行）

第四届企业家高层论坛

博采众长　深耕探索

□ 向　明

2018年，全国工程造价站站长培训班

　　我是一名70后的造价工程师，作为一名工程造价行业的从业者和管理者，与中国建设工程造价管理协会结下了不解之缘。特别是在近几年，一次次参与或带队参与协会组织的工程造价咨询企业综合信用评价专家评审、全过程工程咨询服务招标投标及合同范本征求意见等专业咨询活动、职业技能比赛、论文及征文比赛、文体比赛、救灾及精准扶贫活动等都丰富了我的职业经历。但最让我难忘的还是带队承担的省价协公开招标的《××省工程造价管理协会先进单位会员评价实施细则（试行）》课题研究。

博采众长，自信满满制定课题研究初步方案

　　最初，通过公开招标承接的该课题研究的名称为《××省工程造价咨询企业先进单位评价实施细则研究》。我怀揣着制定实施细则应具有科学性、先进性、客观性、公平性的思想，后竭力要改变以往省价协工程造价咨询企业先进单位会员评价工作客观评判标准较简单的热情，带领团队在规定时间内尽快拿出了一个初步方案，报专家初评。

　　一开始自认为该初步方案是在参考国内兄弟省市一些经验，结合本省

的实际情况，从多维角度筛选出能够测定工程造价咨询企业发展能力和盈利能力，又兼顾考虑企业对行业的引领作用和社会贡献的综合性评价体系及实施细则，具备全面性、客观性、可操作性。

众说纷纭，茅塞顿开深感课题研究举足轻重

当我满怀信心地代表团队在几十位会员单位代表组成的专家初评会上详细介绍了该初步方案后，瞬时如一石激起千层浪，各位代表众说纷纭，质疑声声入耳。刚开始，我还能一一解释，后来干脆放弃现场答疑直接记录问题要点。那一刻我才深刻地感受到该课题研究举足轻重，它将涉及省价协各会员单位的切身利益，甚至影响到其在行业市场中的占有率。

疏理问题，全面考虑确定课题研究涵盖范围

会后我带领团队耐心逐一整理了各代表提出的问题后发现，最关键的是影响整个课题研究方向的一个问题——本次课题研究到底是仅面向协会中工程造价咨询企业会员单位，还是面向协会中所有的会员单位（即包括其他非工程造价咨询企业，如建设、设计、监理等会员单位）。根据省价协的慎重考虑及最终批准，决定面向协会中所有的会员单位。看似简单的课题研究的标题修改，实则需将两类不同性质的会员单位放在一个评价实施细则及评价体系中进行考虑，致使实施细则文字部分几乎全部修改。

仔细分析，逐一深耕探索课题研究争议焦点

初步方案中争议最激烈的是评先比例的设定。在我的理解中，所谓先进，不在多贵在精，但一定是在行业中能起表率作用的企业。因此在参考国内兄弟省市评先比例后，大幅度地降低了省价协往年评先比例。虽得到

了规模较大、综合实力较强的会员单位的支持，但更多的是受到了大批中等规模、处于评先之门内外边缘的会员单位强烈的抨击。

如果说降低评先比例将引起剑拔弩张的局面可以说还是在我意料之中，那么评先名额的分配问题也会引起不同反应则颠覆了我最初简单的想法——全部会员单位根据客观评价体系按一定比例评出排名靠前的会员单位即是先进单位会员。在认真地听取了各位代表的意见后，我才醍醐灌顶，我竟忽略了两大因素：一是全省不同地市会员单位之间综合实力相差甚远；二是同一地市不同资质的会员单位之间，综合实力也相差甚远。如果强行把不在同一起跑线上的会员单位放在相同的评价体系中进行评选，将大大地打击除省府外其他地市

以及省府内综合实力虽较弱，但力求上进的大部分会员单位参加评先的积极性。

至今想起都觉得令人头痛的问题还有如何合理分配评价体系中六大评价指标的评分权重。初步方案旨在全面评价先进单位会员的综合实力时，强调其在行业技术方面的创新及引领作用。因此，占有较高评分权重的技术能力评价指标，顿使大部分会员单位感到评先的难度，"咨询企业不是科研单位"的意见在会员单位间引起了共鸣。

信心百倍，反复权衡修改课题研究评价体系

有意见就修改，修改完再征求意见。又经过向指定有代表性会员单位书面征求意见、全部会员单位书面征求意见、主管单位及会员单位代表组成的专家汇报等多轮多形式的征求意见探讨后，该课题研究的实施细则及评价体系总算日趋完善、公平，更具操作性。最终在省价协组织的课题研

究专家委员会验收会上获得一次性全票通过。

收获满满，历尽艰辛感受课题研究触动心灵

从承接该课题研究到验收结题，前前后后历时近一年半。期间虽有着艰辛、委屈，但收获颇丰，不仅倾听到了同行们经营不易的呼声，感受到了他们面对来势迅猛的建筑行业工业化、数字化、智能化的改革带来的机遇与挑战时积极向上寻求出路、勇敢创新的开拓精神，更多的是深刻体会到了协会工作的重要性和为难之处：既要引导会员单位诚信经营，又要维护会员单位的合法权益；既要努力寻求综合实力不均衡发展的各会员单位间的利益平衡点，更是要充分发挥政府与工程造价企业和会员间桥梁和纽带作用。

（作者单位：湘能卓信项目管理有限公司）

星光不负赶路人

□ 张志成

　　当时间的脚步走到2020年时，中国建设工程造价管理协会已走过30年历程。回首来时路，自己的执业生涯竟然和协会同龄，在工程造价行业耕耘了30载。在与协会同行的时光里，一同见证了共和国的日新月异，见证了造价行业的飞速发展，体验到了协会的扶持与关爱，也与其一起成长、发展和壮大。

　　时针倒拨30年，此时的我，刚出校门。毕业时有多项择业机会，而我选择了造价行业，从此与其结缘，结伴相走。尽管自己不是学造价专业的，不知什么原因，也可能是天生偏爱理工科，喜欢技术、喜欢数字、喜欢逻辑，也可能是儿时对高楼大厦、道路桥梁向往，不由自主地一头扎进了造价行业，一干就30年。

勤学苦读，造就过硬本领

　　刚进入造价行业，自己一无所知，所有的东西都要从头学起。先后在黑龙江省建筑职工技术大学、哈尔滨工业大学等专业院校全面系统地培训和学习，掌握了工程造价方面的基础、相关法律法规、工程计价与造价控制等专业知识。在学习和工作的过程中，没有星期天，没有节假日，白天工作，晚上学习。自己都不记得了多少个夜晚在灯下苦读，家也顾不上，孩子也管不了。有一次，孩子发高烧，当时自己正在核算数据，是邻居把孩子送到了医院，半夜回来，看着满脸通红的孩子，心里愧疚不已。为全面掌握建设工程的工艺流程与造价之间的关系，深入施工现场，与工人吃住一起，上上下下，摸爬滚打，观摩了解工程的每一个环节，工程造价预结算的编制和审核水平不断提高。

一个人的时间在哪，成就在哪。从进入造价行业，我把所有的时间放在业务学习和实践上。自己先是取得预算员、安全员、合同员资格。在同时管理7个建筑工地全面工作的情况下，通过了国内第二批的注册造价工程师的考试，成为一名造价工程师。勤学苦读一直是自己在造价行业中多年来形成的习惯。我深知，只有不断地学习，才能提高自己的知识面，掌握先进的技术，才能在行业中站稳脚跟。

创办实体，深度耕耘

时光荏苒，岁月如流。时光走到2000年时候，此时，自己也在造价行业奋斗十个年头，十年的打拼让我对造价行业和造价市场有了新的认识。随着建筑行业的快速发展，造价行业必将进入高速发展时期。于是，我确立新的奋斗目标，那就是创办实体产业，进入造价行业第一线，在行业中深耕精作，做大做强。2000年成立了黑龙江建审工程项目管理公司，开始了新的创业征程。伴随着对建设行业的熟悉程度以及市场的深度理解，随后我又创办了招标代理、房地产价格评估等数家企业，公司规模不断扩大，实力不断增强。

秉承走出去、引进来的理念，经过综合考察论证，2014年在美国拉斯维加斯成立了Justice Star Project Management LLC公司。2018年，在天津自贸区成立了建审（天津）工程项目管理公司，组建了BIM技术中心，以全新的经营理念和先进的技术服务于国内的造价咨询市场。至此，公司完成了国内外的市场布局，走上了集团化发展之路。

坚持技术创新，加速自身成长

造价行业的发展历史，是一部技术不断更新、不断进步的历史，是建筑行业和协会组织不断推行新技术新标准的历史。技术是造价工作的灵魂，谁拥有先进技术，谁就拥有核心竞争力。从组建公司之日起，便坚持技术创新，注重信息化建设。20年来，从最初的手工量算计价软件、算量软件，QQ、OA、钉钉、BIM等新技术和软件，全部在公司发展的不同阶段进行了应用和推广，技术创新的脚步一直没有停止。2013年，着手建筑信息化和BIM技术的研究。2014

年，在Justice Star Project Management LLC公司，应用BIM技术，对拉斯维加斯商业广场等项目实施管理，取得良好的技术效果和经营效果。2020年5月，公司又实现4个在线化的目标：造价咨询业务全流程管理在线化；对外经营业务管理在线化；对内运营全业务在线化；数据积累和应用在线化。信息化建设帮助企业提升了效率，降低了成本，赢得了市场，加快了发展。

身体力行，发挥协会组织的引领作用

在造价行业多年的工作实践中，深刻感受到协会组织在引领推动行业发展中起的重要作用。2013年，受邀参加中价协首届企业家高层论坛会。也就是在这个论坛上，首次了解BIM等建设工程信息化方面的内容。本次论坛的主题是"适应变革、实现价值"。我清楚地记得，当时长春下着大雪，中价协的与会嘉宾在航班停飞的情况下，辗转近一晚上的时间赶到会场，让我们备受鼓舞和感动。在以后一年一度的企业家高层论坛上，聆听各位专家和学者阐述的思想、理念及行业趋势，每次都让我的思想得到启迪和收获，使思维得到了扩展。接触到BIM技术，它让我惊喜，令我着迷，深信BIM技术一定会给建筑行业带来天翻地覆的变革。从此，我开始深入研究。2014年，在东北石油大学攻读研究生时，毕业论文选择了"BIM技术在JS公司项目管理上的应用"作为研究课题，论文得到老师和专家们的一致通过，获得了当年的优秀毕业论文奖。同年在上海与鲁班BIM签约，开始进行BIM技术在项目管理上的深入应用。其后于2014年到2019年在美国成立项目管理公司，并运用BIM技术对建设工程项目管理进行深入应用和实践。2019年回国后随即成立BIM技术中心，手把手带领团队进行BIM技术的深入学习和实践，目前团队已经开始运用BIM建模技术和综合管理平台进行建设工程的项目管理。

2012年，我带领20多个会员单位，先后去上海、深圳、广州等地考察，与当地的造价协会和企业进行交流和学习，开阔了视野，增长了见识，学到了本领和技术。

坚守初心，成就梦想

择一业，而一生。从参加工作开始，便从事造价工作，心无旁骛，从一而终，相互依存，相生相伴。30年来，我只做造价这一件事，它已融入我的血液和骨子里，将成为我一生的事业。30年来，也为推动造价行业的发展付出了努力，见证了造价行业飞速发展，初步实现了一个造价人的梦想。30年的激情的付出，让我收获满满，得到了这个行业对我的认可和厚爱。

举目已是千山绿，宜趁东风扬帆行

新基建已从学术讨论走向国家战略。5G、人工智能、大数据、BIM、

CIM 等新技术进入了深度应用时期，造价行业必将进入全新的发展时代。作为造价人，我将投入全部精力，拥抱这个美好的时代，迎着朝阳，步履坚定，为造价行业的发展助力加油，书写造价人新的篇章。

（作者单位：黑龙江建审工程项目管理有限公司）

2017年，秘书处职工运动会

乘风破浪 奋斗逐梦

□ 吴林翠

　　一级注册造价工程师、职业女性、小学生和托班生的母亲、中共党员——多重身份的我，每天忙碌而充实。随着年岁增长，身边亲朋好友间的交往不再像从前那么多，大家都在忙着经营自己的事业、工作和家庭。我也清醒地知道，任何时候都不能虚度光阴，唯有不断学习、不停奔跑才能跟上时代前进的步伐，给儿女做好榜样。

勇于拼搏——越努力越幸运

　　求学时代，我从村小学到县第一中学、市学院，毕业前夕就很顺利到了省城（杭州）工作，并长久定居下来。工作后，2001年因为单位工作需要，部门领导让我参加概预算员上岗证培训，那时我对工程造价还闻所未闻、一无所知。次年，我从工程设计转岗到工程预结算专员，边学边做。3年后，我的造价技术从陌生臻至熟练，在工程造价咨询工作中，从最初的"配角"历练为能够独当一面的"主角"。从此，工程造价伴我成长，推动我不断实现自己的人生价值。

　　2008年，我从施工单位转到造价咨询公司工作，深入接触、学习从智能化到水电暖等安装各专业，业务内容广泛，工作范围进一步扩大，这促使我在专业技术、沟通协调等各方面能力全面提升，且为公司创造的产值逐年提高。特别是2014年起，我被派遣到外地分公司工作，由普通员工被提拔为经理助理、副经理，拥有了更广阔的施展空间，也肩负了更重的责任，激发了我更强的事业心和更大的工作热情。派驻在外打拼的一千多个日夜里，我承担起咨询业务组织实施、工作制度改进、工作流程完善、部门日常管理等工作，强度大、任务重，即使是高龄二胎怀孕八个多月时，医生强烈要求我休假保胎，我还是坚定带领项目团队成员在宁波市象山县偏僻的农村大型项目工地上劳碌奔波。我不断勉励自己不能轻言放弃，再苦再累也要坚持下去！

2018年，英国皇家特许测量师学会来访

2018年，公司领导考虑到我二孩家庭原因，将我调回杭州总部总师办从事专职复核工作。工作12年间，我已高质量完成近500个工程概预算/结算审核项目，十余个全过程跟踪审计项目，数千个项目咨询成果三级复核，多次借调到审计机关和巡视组协审工作。在此过程中，视野得到拓宽，阅历得以丰富，能自如地处理各种复杂事务，准确地在浩繁的资料中发现问题线索，游刃有余地履行自己的职责，发挥自己的特长，每天的工作都动力十足。

勤于积累——越学习越成长

业精于勤而荒于嬉。社会的进步，技术的发展，职业分工的日益细化以及信息的快速更迭，对个人保持竞争力、取得竞争优势提出了更高的要求。逆水行舟不进则退，因此我也清楚地认识到，只有拼尽全力、不断学习、不停奔跑，才能与时俱进，增强自己的核心竞争力。

机械专业中专毕业后，6年时间里，我坚持在浙江大学进修，取得了经济贸易专业夜大大专和经济学函数本科的学历证书；工作之余，深研造价专业理论知识和现场施工技术，先后参加一级造价工程师、一级建造师、通信和电力专业造价员等各类职业资格考试并取得相关证书，获得高级经济师、高级工程师职称，并自觉参加公司内外相关专业培训；把接触到的每个工程视为难得的学习机会，不断丰富自身知识储备，勤思考、多总结；分享工作心得，在公司内外专业杂志、报纸上发表专业文章数十篇。

我每年自觉按时参加各类继续教育，更新知识结构，并因此有幸获得中价协的普通会员资格。特别是在今年疫情严峻时期，中价协多次举办网络直播培训（《工程造价咨询企业项目经理》和《新冠肺炎疫情影响下的工期与费用索赔》），使我进一步明确了职业定位和工作职责，完善了工程造价知识与能力结构，掌握了全过程跟踪审计、EPC项目造价管控等工作要点和工程造价最新法律法规，了解了工程造价发展国际化、信息化等相关知识及工作实践等。

乐于公益——越真诚越有福

赢在大度，输在计较。我一直秉承"诚实做人，踏实做事"的思想，适当吃点亏，心胸才能更加宽广，学会站在他人的角度上思考问题，用宽容来化解矛盾。

工作中，一直以来我都对委托单位、建设单位和工程各参与单位以诚相待、摆准位置、以理服人，发挥自己的专业水准，在给人留下良好印象的同时为公司形象加分。乐于帮助同事解决疑难问题，热心指导周围同事的工作和学习。

生活中，我在暑假期间带领儿子所在的假日小分队成员到杭州玉泉附近，开展垃圾分类知识学习竞赛及发放宣传资料，到杭州植物园开展古树考察活动，树立古树名木的保护意识，倡议全社会共同参与古树保护工作。

国外新冠疫情蔓延期间，我积极响应丽水学院国内校友号召，为海外校友捐款，用于防护物资采购，助力抗疫，奉献爱心。

严于自律——越自律越优秀

自律让我工作时更有行动力和执行力，甚至更清楚自己未来的目标和计划。自律也让我在生活中，享受更多的乐趣，拥有更大的自由，得到意外的收获。自律的人，不一定优秀；但优秀的人，必定自律——我对这句话有了更深刻的领悟。

当代社会纷繁复杂，各种利益关系纵横交织，从事造价咨询工作时常面临各种诱惑和考验，如何规避执业风险，紧把"关口"，守住"底线"，不碰"高压线"，唯有自律。只有自律，才能在工作中，坚持高标准，立

2018年，第六届企业家高层论坛

足岗位实际，履职尽责，做到干一行、爱一行、钻一行、精一行，才能在工作中精谋划、出奇招、创佳绩。因而，我多次荣获公司优秀员工、廉洁自律模范个人等。

坚持自律，还使我早睡早起，生活更充实多彩；节制饮食，身体更轻盈敏捷；管控情绪，内心更从容平和……保持身体健康，保持精力充沛，是不断精进自己的生活底气和健康资本。

敢于梦想——越奋斗越精彩

梦想是用意志的血滴和拼搏的汗水酿成的琼浆，历久弥香。为了梦想而奋斗，这样的人生才会更精彩，既然选择了远方，便只顾风雨兼程。

工程造价专业非常适合我的个人性格和符合我的职业发展规划，我认为工程造价是值得我贡献自己的全部力量，为之努力奋斗的终生职

业。我会一直努力坚持做下去，五年后，十年后，定会收获一个更好的自己。

如今，开展工程造价业务需要造价人尽快转换思维，提升技能，顺应发展。我也将扩展从事与工程造价相关的建设、设计、施工、教学、软件等工作，推动我的人生和事业走得更远、走得更好。

愿与行业同仁一起乘风破浪、奋斗追梦。未来的道路，一定更宽广，未来的日子，一定更美好！

（作者单位：万邦工程管理咨询有限公司）

从计量员到增值服务提供者

□ 李　鹏

2020年7月，在中价协的网站看到协会成立30周年，我和"工程造价"征文启事，神思过往，一幕幕闪过，不知不觉中，我从事工程造价工作17年了，不由思绪万千……

2018年，《工程造价软件测评与监管机制研究》课题大纲审查会

2003年在湖南某高速公路项目经理部的计量合约部办公室，我的造价工作开始了，从进场后的施工准备开始，熟悉图纸，陪同材料经理跑当地几个砂石场了解市场价格，项目部领导就多次嘱咐我，建立完善变更台账，早做签证准备，把变更按部位、按难易、按金额大小分别梳理出来，变更签证的水平就代表你的工作水平！计量和支付是我日常工作的主旋律，每张现场收方单的原始记录都妥善保管，每一期的计量支付申报都小心翼翼，最怕应报未报、应计未计的情况。高速公路线路长，有二十几个项目部，二十几个项目部的计量员申报的、批复的进度款多少，项目部领导经常在工地例会上说某某项目部又申报批复了多少进度款，无形中给我增加了压力。

我最难忘记的一件事，高速公路在山岭地区修建，层峦叠嶂的地貌，难免要经过纵横交错的沟壑，有山峰就有坡谷，必然会积聚地下水，这些地下水长年累月地浸润着土地，本来是宝贵的农业生产资源，但是对施工方来说却是最大的拦路虎！对业主的投资控制也是增添了

很大的不可预见性。范围大小不一的路基软土处理，常规处理方式挖除换填，这种方式会影响当地的生态环境，局部改变了地表水径流，通常几公里长的一个标段路基施工会有少则十几处多则几十处软土处理，软土处理的造价占了变更签证的绝大部分，随便翻开哪一叠变更资料，内容大多是软基处理，也是路基施工方的利润主要来源。加上又是隐蔽工程，处理完成后覆盖就看不到了，所以通常也是业主、承包商变更控制的难点。

为了解决这个难点，我们计量合约部的几位同事主动提出自己的建议：尊重设计，尊重现场实际，遵循技术和经济相结合的原则控制费用，遵守施工承包合同有关对变更的流程规定。由于设计图纸对软基处理只有原则性的描述，没有具体的实施方案，加上软土厚度不一，浅的几十厘米，深的几米，勘察阶段由于技术手段的限制，无法全面揭示软土的真实范围。导致了软土处理具有天然的"不可预见"性。所以决定既然设计没有给我们详图施工，那我们就自己优化施工组织设计。通过多方案对比优劣分析，最终选择了振冲碎石桩加固软基，这样避免了大挖大运导致的费用大增，也有利于当地的环境保护，不阻断地下水径流。碎石采用当地产的岩石破碎筛分后石场提供的成品料，桩顶采用大承台，软硬结合，避免了不均匀沉降。振冲碎石桩计量方式也采用双控，即桩径加桩长为主，碎石运料车箱尺寸为辅，每根桩每车料都有现场施工员、监理员的现场签字，减少了结算时的工程量计量争议，后来得到了业主的表扬，我们标段施工的软土处理也作为样板段，供其他标段参观学习。这件事给我的收获是：技术和经济相结合是控制造价的最有效方法！契约精神是控制造价的最得力助手，自己诚信履约了才会赢得对方的尊重。

2007年，我开始在造价咨询公司工作，职业生涯进入了崭新的阶段，不再限制于施工方的计量支付。13年来，视野开阔了许多。可以为投资方、开发方，也可以为总包人、承包人、分包人、政府部门等诸多委托人提供造价咨询服务，慢慢地也开始接触了以前从未接触的阶段，比如策划阶段、决策阶段、设计阶段、交易阶段、运营维护阶段等。

从2007年至今，13年的造价咨询工作经历给我的感触是：为委托人提供增值服务是我们造价咨询工作者的主旋律。

造价工程师的主要精力仍然集中在熟悉定额，掌握图纸工程量的计算。通常情况下咨询公司造价师的工作模式就是左手预算定额，右手图

2018年，第三届专家委员会第一次全体会议

纸，很少参与设计图纸的优化，很少参与决策的投资方案优化，也很少去市场了解真实的交易价格，工作范围也往往集中在竣工结算审核这一块，很少往工程建设产业链的上下游拓展。

十几年来，工程量清单计价方式的大力推行，无疑是造价行业的重大里程碑事件，工程量清单本来是为交易而生的产物，市场化的造价改革方向越来越清晰，市场化倒逼造价从业人员紧盯工程建设过程中各类实际交易价格，各类专业分包工程实际成交价格，紧盯各类指标指数，慢慢习惯不套定额也可以计价。全过程、大数据、数字化当前正在深刻影响着造价咨询行业发展方向，我的体会是，仅仅熟悉定额，会识图计算工程量，已经远远跟不上时代前进的步伐，何况预算定额一般5～10年就会更新升级，刚刚熟练的预算定额还舍不得丢，又要学习新定额了。正所谓变化是永恒的，不变是暂时的，定额在变，计价软件在变，施工工艺在变，材料设备价格在变，委托人在变，委托需求在变，不变的是造价工程师职业定位是为委托方提供增值服务，增值服务可以简单理解为费用最小、收益最

大、收益与费用的比值最大，同时满足这三者的造价咨询方案是最佳的增值服务提供方案。

从20世纪90年代推行的工程建设项目管理目标三控制，即费用控制、进度控制、质量控制，造价工程师的地位仅仅只是三分之一，到当前正大力推行的全过程工程咨询，其实是给造价工程师吹响了努力奋进的号角，全过程工程咨询可以说是伴随工程总承包模式而来的，工程总承包模式是更先进的工程建设组织模式，越是规模大而复杂的工程建设越需要工程总承包，也需要全过程工程咨询。

（作者单位：湖南和丰工程造价咨询有限公司）

相识　相知　相爱　相伴

□ 徐莹莹

2018年，全国高等院校工程造价技能及创新大赛

相识

人生有很多未知，比如你在填写高考志愿时不知道会被哪所学校及专业录取，而我就是在等待这个未知，当录取结果出来之后，终于知道结果是"恭喜你被河南交通职业技术学院，工程造价专业录取"。这个消息对于我来说是喜悦中带着一丝忧愁，喜的是结果还是令我满意的，忧的是我对工程造价这个专业不甚了解，甚至说还很陌生。对于我这种人生规划把握在自己手中的人来说选择多是未知的，志愿填报更是如此。对于其他专业我是略知一二，对于工程造价却并未有过深的了解，但偶然听说女生在建筑类行业从事工程造价工作的比例较高。接下来我上网查找了这方面的资料，并结合自身的综合素养能力，于是我坦然地接受了工程造价这个专业，至此我与工程造价结下了不解之缘。

相知

时光荏苒，经历了忙碌的开学、严酷的军训，我开始了期盼已久的造价旅途，这让我认识到想要接触美好的东西，必须经过非常严格的洗礼。

大学期间学了工程造价的理论基础，但也许学的知识太过于广泛，又或者是大学期间的浮躁掩盖了我对造价的初心，反而让我对工程造价这个"词语"的定义更加模糊不清，正应验了那句话——"学而知不足，愈进则愈惘"。当我走出校园，真正独自面对一份造价咨询工作时，才发现工程造价这份工作并非想象的那么简单，你不仅仅要会看懂图纸，还必须要熟练使用专业性高、强的造价软件。因此为了更好地提高工作效率，节省时间和精力，我选择参加造价实操班进行强化学习，进一步提高自己的综合素养。

在工作中，我慢慢认清了工程造价，它不仅需要深度了解图纸所表达的全部造价内容，更需要彻底了解工程所在省的定额及相关计价文件，按照图纸计算出所有工程量，再进行清单列项、组价、调材差、取费、计算总造价。你在任何一个环节不能有短板，否则就会影响工程造价，造价工作需要严谨、细心、守规，这也催促着我不断地学习和进步。

相爱

伊始我对从事于工程造价并不是非常感兴趣，因为不仅仅是在学习上所花费的时间十分漫长，而且工资待遇等问题也让我丧失对它的热爱，工资待遇在郑州这个省会城市并不是很高，微薄的薪水也只能勉强维持我日常的生活，想要"奢侈"一次必须得三思而后行。一次偶然的机会，一位同事请我帮忙（三个污水池的项目，帮画图算量）且附带有报酬。我心里这样想："这个工作量也不大，通宵就能完成，还可获取报酬，值得去做。"经过一宿的努力，我把成果发给了她，并且也得到了相应的报酬，这是我第一笔除正常工资以外的额外收入，令我喜出望外，突然感觉到这个职业还不错。当时的我不知道是不是单方面因为金钱而产生兴趣。因为我知道，如果是单方面因为金钱而产生兴趣，那么这不是喜欢而是买卖（当时的自己处于学习状态，也不知道会不会把一个晚上或者一个通宵时间当作物品）。

后来在公司做的项目越来越多，学到的知识也越来越丰富。记得当时有一个项目（四栋楼项目：画图、算量，列清单，套定额）催得很急，那段时间我和我同事几乎都在公司加班到通宵，实在太困时就在公司打盹。那时候的我们也会遇到各种各样问题，但我们都一一解决了，我觉得那时遇到问题特别多，解决也十分吃力，毕竟在公司里面我是入行最晚，而身边同事都很努力，所以我就心里暗示自己一定要更加努力，不要拖同事的后腿，直到项目的完成。

经历了种种，我认为自己有很多不足，想到我与同事之间的差距，我感觉有一股神秘的力量向我涌来，督促我学更多的知识来充实自己，不要在机会来临的时候，由于自己能力的不足使机会白白的逝去。每当我看到

2018年，参加亚太区工程测量师协会理事会会议

自己努力的成果，油然而生喜欢上了这个职业。

相伴

有人认为工作和生活两者不能兼得，把重心放在工作上，那么在生活上陪伴家人的时间就会少很多，马云曾在一次员工大会上被问及"如何让工作和家庭平衡发展"，对于大多数成功企业家而言这个问题可能都是难题，当时马云的回答是"工作和家庭要有所取舍，要想成功，必须把更多精力投入到你的理想，而放弃属于未来的享受"。我没有马云那样的魄力与对理想的执着，但是我有对工作的热情，我同时也会时刻在网络及平台上关注关于造价方面的政策法规等。就像父母关注孩子成长一样，因为工作是我生活中的一部分，是生活中不可舍弃的，如果工作仅仅是为了面包，那么工作就成了诅咒。对于我而言，造价不只是一份工作，更不只是生活的依赖，它更是时时刻刻陪伴在我身边的最佳伙伴，它根深蒂固地

融入我生活的各个方面。

感悟

工程造价的内容广泛、内涵丰富，我工作的时间不是很长，可以说是刚入门，总感觉自己任重道远，有学不完的知识，所以在工作中我一直不懈努力，积极学习，也在学习工程造价过程中有些许感悟：

（1）如果想更好地了解造价，那么最好一个工程从开始到结束都要参与，想要进步，就要不断积累经验；由于我有大学的三年学习作为理论基础，我学习预算还是很快的，所以基础知识对造价人相当重要；

（2）在工作中要保持谦虚好问的心态，尤其是刚进入职场时，要多向带你的师傅请教，不要怕问，要积极解决心中的迷惑与不解，在这一点，带你的师傅很重要，但是自己主动的好问和勤思更起着决定性作用；

（3）关于造价软件实操的学习，这一点我不建议自学，最好找一个培训机构学习，原因有两点，首先自学速度慢，浪费时间，其次是在公司向同事咨询相关问题时，同事们可能回答得不是很详细或者表达不够清楚准确，但是培训机构的老师则不一样，他们很乐意为你解答任何疑惑，而且会很详细的地解答；

（4）要学会举一反三，触类旁通；学会一个问题很容易，但要学会同一类型的问题就需要仔细推敲和自我总结归纳。

我和工程造价的关系应该和大多数从事这一行业的人一样，但具体感受却是一千个人中就有一千个哈姆雷特，各有不同。我认为工程造价行业前景很好，但未来是不断发展变化的，要想跟上时代的步伐，那么需要你有更加敏锐的眼光以及对新知识的不断求知。从未知到相伴，道路崎岖，前路漫漫，但要坚信，用心呵护的鲜花才是最美丽的。只有不断积累，不懈努力，才会让你的职业生涯开出灿烂的花朵。

（作者单位：青矩工程顾问有限公司）

雄关漫道真如铁　而今迈步从头越

□ 张立人

2018年，捐赠"三区三州"健康饮水爱心工程

　　光阴似箭，一转眼我已参加工作30年了。30年来，我始终没有离开过工程造价行业，可以说是一种坚持，也可以说是对这一行业的偏好吧。欣逢中国建设工程造价管理协会成立30周年，作为行业的一名老兵，提笔写一点体会，感悟颇多。

　　本人30年的工作经历，见证了工程造价咨询行业由计划经济体制向市场经济体制转变并在市场经济体制下获得了快速发展，取得了丰硕的成果。回首自己走过的造价咨询之路，一幕幕学习、工作的场景浮现在眼前。

学有所专，参加工作那一年

　　我是一名大专毕业生，所学专业是工业与民用建筑，1990年分配到了一家集体制的建筑企业。从此踏进了建筑行业。记得我的第一个岗位是公司下属第二工程处钢筋班组的钢筋工。20世纪90年代初，建筑工程都是由企业自己的工人来完成。我们每天按钢筋班长提供的料牌进行钢筋制作，偶尔钢筋班长也会安排我帮助计算钢筋的下料角度和下料长度。就这样，我一天一天重复着相同的劳动，工作虽然辛苦，但一点也没觉得累，同事们在一起亲密无间、相互帮助的场景至今不能忘怀。虽然和建筑工人相处的时间很短暂，但他们身上那种朴实的品质，不怕苦、不怕累、乐观向上的精神给我留下了深刻的印象，这种精神一直激励着我要不忘初心，砥砺前行。我在工地上干了大约3个月，就被调到工程处预算科工作。说实话，那时我的梦想是想当一名工程师，对预算这项工作没有一点了解，没有一点思想准备。自此，我离开了朝夕相处的钢筋工师傅们，开启了工程造价咨询之路。

学用相长，埋头苦干11年

工程处的办公场所非常简陋，两间平房内摆着四张老式的办公桌椅，有两位老师傅及我和另外一位刚毕业的学生。记得当时每天都在不停地复写老师傅递给我的预算书，一式五六份，累得手指发酸。后来，慢慢地也帮助老师傅们算算工程量，算量都是用手工来完成，有标准的计算表格，需要仔细认真，一点都不能马虎。有一天，一位老师傅对我说："预算这个工作，是好汉子不愿干，懒汉子干不了，比较枯燥，你可要有心理准备。"不过，经过这些天的工作，我心里倒是挺喜欢这项工作的，一个人看着图纸，算着工程量，静静的，也没有人打扰，当把所有施工图纸设计的内容算出来的时候，心里有一种油然而生的喜悦感。"学不可以已"，为了提高自己的业务水平，我随后就加入了山东省预算员证的考试大军中。白天上班，晚上、周日（那个年代就周日休息）去上培训课，上课的人员当中，年龄差距还是挺大的，每次上课的人实在是太多了，从中可以看出，当时干工程造价这一行还是很有吸引力的。但在当时，学预算的人员文凭并不是很高，除了部分中专生、夜校、函授大学、电视大学和少数正规院校的学生，大部分人是来自建筑公司各个工种的建筑工人，他们这种好学上进的精神、渴求知识的欲望，在我心里留下了不可磨灭的印记。他们为工程造价咨询行业最初的发展贡献了自己的力量，值得我们称赞。

随后，我又被派到一处新工地，跟着工地上的老预算员学习预算。那时，青岛市政府东迁，棚户区改造也刚刚起步，接触的绝大多数建筑都是多层坡屋面砖混结构。或许，自己学的是工业与民用建筑专业，也梦想着有机会在自己的带领下能完成一项工程。所以，除了做好本职工作，我还对房屋如何建成产生了浓厚的兴趣，一有时间，我就和施工员一起放放线，窜上窜下，乐此不疲。在工地上，一晃就是一年。这一年，看到、学到很多东西，增加了自己的实践经验，真是收获颇丰。

1992年，我得到了一次圆梦的机会，根据工作安排，我和队长两个人作为总包单位的代表负责管理一个新开工的工程，我全面负责工程的施工、技术、质量、材料、安全、预算等工作。我非常珍惜这次难得的机会，每天一早就到了工地，很晚才回家，对工程的施工进度、质量、成本进行全面控制。当时，还没有监理公司，工程主要靠项目总包在现场进行全面管理，工程处、公司进行监督，工程主体验收、竣工验收由青岛市质量监督站来完成。最终工程在合同工期内交付给了甲方，圆了在我带领下建设完成一个工程的梦想。

1994年，建筑公司纷纷采用项目负责制这种管理办法，有幸，我从工程处调到了公司，被公司安排到一个单体较大的高层住宅项目上去，负责项目预结算工作。从那时起，项目的参建方又增加了监理公司。三年下来，从项目本身我又学到了很多新的知识。1999年，我为了开阔自己的眼界，离开了培养了我的建筑公司，来到了一家房地产公司，在那里工作了两年。在房地产公司我最大的收获是熟悉掌握了小区红线内的配套工程，包括给水排水、热力、燃气、强电、弱电等，提高了自己的能力。

"纸上得来终觉浅，绝知此事要躬行"。11年的施工现场工作经历，虽然环境和生活条件苦了点，但我从中却学到了很多课本上学不到的东西，获得了许多宝贵的现场经验，为将来在咨询公司工作夯实了基础。

学思结合，得心应手19年

2001年，我从一名普普通通的员工，成长为一名具有正高级职称的专业技术人员。

在做造价咨询服务的过程中，我意识到知识素养的重要性，始终坚持在学习中提高。通过三年深造，我拿到了青岛理工大学建筑工程专业本科毕业证书。此后，又分别在2002年、2005年通过系统学习取得注册造价工程师资格证书、注册咨询工程师资格证书。

近十几年来，建筑业发展非常迅猛，越来越多投资较大的项目涌现。公司在领导和同事们的共同努力下，也得到了快速发展，目前员工人数已超百人，年完成的咨询费用也有两三千万元。造价咨询服务范围不断扩大，增加了很多专业性工程咨询服务，涉及城市轨道交通工程、水利水电工程、沿海港口水工工程、公路工程等。作为一名造价咨询工作者，我所带领的团队始终秉持以合法、合理、公正、公平、诚实信用为原则，为业主提供造价咨询服务，所完成的各项咨询工作，均得到了业主的一致好评。工作中的点点滴滴，让人回味。

在援新北川体育中心及青少年活动中心项目全过程造价咨询服务过程中，我带领的团队迅速组织、齐心协力，从项目立项到项目开工仅用了三个月的时间。期间，注重协调沟通，多次到北川青岛指挥部汇报项目投资情况，到山东省咨询院汇报概算编制情况并申请该项目建设资金。从而，使项目在2010年2月19日正式开工建设，2010年9月30日就顺利交付使用。

我体会到，新时代造价咨询人员，只会算量，编制工程量清单已不能满足业主的服务要求。只有不断地学习、不断地实践，理论和实践相结合，才能更好地去解决项目施工过程中遇到的问题，才能更好地为业主提供造价咨询服务。

一分耕耘，一分收获。辛勤的汗水，换来累累硕果。我带领的造价咨询工作团队多次获得上级主管部门的奖励，如：参与编制的"四川绵阳市新北川县城体育中心工程"项目、"青岛市国家质检中心基地建设工程"项目，2012年被山东省工程建设标准造价协会评为三等奖。

　　"雄关漫道真如铁，而今迈步从头越"。30年来，中价协伴我成长；展望未来，我们共同期待工程造价行业更美好的明天！

2019年，第七届高端论坛

（作者单位：青岛建惠工程咨询有限公司）

造价——一场关于心性的修行

□ 徐　飞

　　时间真是过得太快，不知不觉，我在工程造价领域亦已摸爬滚打近十年。这十年让我从一个对造价知之甚少的门外汉，成为一名标准的业内人士，不再是国外援建项目前辈眼中的毛头小子，而是国内大小项目周边人口中的"徐工""徐经理"。战场辗转，身份职责也在变，不变的是始终告诫着自己，要以协会的标准规范来从事造价工作，并一如既往关注着协会引领的造价行业发展变革之路。一路走来，乐与悲，得与失，历历在目，不禁写下自己这些年来对造价工作的感悟。

入行容易做精难

　　本人非科班出身，大学毕业一年，本来做着与所学专业相关的工作，一次偶然的机会，了解到某项目工地招人，考虑到工资在当时看来还行，头脑一热，背起行囊就去了。选岗时，想着自己理工科出身，想着预算无非写写算算，还算白领，凭着这份自信与兴趣，从此算是正式转行做起了造价工作。

　　等真正接触并深入了解这份工作，才知道做好造价有多难。造价确实是一个以算为核心的工作，工程量需要算，费用需要算。但工程量计算规则之繁多、之细致，费用计算程序之复杂，在接触这份工作之前，是怎么也没想到的。墙、柱、梁重叠部分的扣减关系，各类型土方开挖放坡起始深度等，这些都是相对简单很快能明确的。还有些诸如建筑面积的计算，脚手架的计算，不仅计算规则繁多，逻辑关系还易混乱，即使你能滚瓜烂熟于心，真正碰到要计算的情况，你还是要一一对照相关规则，结合实际情况来算。

费用计算程序上，招标模板与投标模板的区别，提前竣工增加费的分档统计，这些都需要我们去深入了解并理解。有时候一个小小的字眼差别，涉及的费用差别可能就不止成百上千，而是几百万、几千万。

不真正理解其中细节逻辑，相信大多数人还无法理解其差异。

2019年，党支部开展"重温入党誓词"活动

造价不仅仅是关于量价的工作

从事了造价行业，往往意味着你的工作是接触一个又一个项目，看起来像是从一个工地跳到另一个工地，实则面对的项目多种多样，具体情况也不一而足，复杂多变。有的人待在工地觉得关于造价的事情较少，工程量核算、变更处理、索赔协商，踏勘现场更多的也只是尺寸复核，材料复核，觉得把量核算好，费用控制牢，就够了，往往对施工工艺顺序，施工措施知之甚少。殊不知，量价核定的关键就在这里，越是看不到的地方，越要想办法去看，越是说不清的节点细节，越要想办法弄清。此乃量价核定的基础，工艺做法、流程不理解透彻，关于量、关于价的事，就像无根之树，经不起推敲。

另一方面，了解了施工工艺、节点细节，也只是为你做好具体某方面的造价工作打好基础而已。造价工作涉及方方面面，事前投资估算、概算分析、招标投标管理，事中合同管理、成本动态控制、风险分析，事后成本核算、后评价。不仅要完成好委托单位委托的任务，也要为项目建设出谋划策，积极参与到项目建设中来。

因此，必须思维扩散开来，充分利用在项目工地的这段时间，以项目建设实施为契机，积极学习与造价相关的业务知识，掌握足够广度与深度的造价知识，做一名合格的造价从业者。

造价是一场关于心性的修行

任何工作，最忌浮躁，造价工作亦如此。浮躁之人，往往在争议纠纷中，在复杂困难的事情面前，容易妥协，选择逃避。久而往之，其业务水平得不到提高，心性得不到锻炼，能力往往也得不到认可。而业务不精进，往往会趋附他人言行做法，不会独立思考判断，不愿花太多时间去论证分析，不愿投入太多精力去学习理解，长此以往，只会变成越来越浮躁之人。如此，便陷入恶性循环。

一方面，从事造价工作，往往意味着要经历一段枯燥的算量、学习定额、理解工艺等打基础阶段，短则一两年，长则三五年，不能忍受这份孤独困苦，往往会面临再择业的彷徨与困惑。唯有扎根于此，带着对造价工作的信仰，全身心投入，"忍受"完这段孤独枯燥与低收入阶段，再回首，发现多少事情都在自己的掌握范围内，从事计量与计价得心应手，出去对账，抠细节，往往也会胸有成竹，气势不输。看看现在我们这个行业的各位"大牛"，莫不如此。地基夯实，才站得住；步子迈得稳，才不会飘。

另一方面，从事造价工作，我们不仅要耐得住工作中的孤独寂寞，更要经受得住各方利益的诱惑，严肃认真对待自己的本职工作，严格按规范标准操作，按约定文件要求执行，对每一份成果文件负责，对公司形象负责，对行业环境更是对自己人生的职业负责，千万不可人云亦云，敷衍了事。每一项工程量的核算，都需要我们花时间去分析判断，独立考证，每一笔费用的增减，都需要我们做到逻辑清晰，有理有据。

曾经有幸参与G20峰会期间的某外立面改造项目的结算工作，工程特殊性决定了其施工范围广，施工点多，施工作业面长且分散，给我方现场踏勘工作带来很多不便。在与建设单位、施工单位共同现场踏勘期间，我方主要工作为了解现场施工情况，熟悉施工场地，掌握施工范围，核对图纸尺寸。

后续，我方独立组织了现场踏勘记录，两个人，两双脚，在人流穿梭中，持续踏勘复核现场时间长达半月有余。本着独立客观原则，对具体施工作业节点、主材规格尺寸，做到犄角旮旯不错过，事无巨细皆记录。特别是与图纸、项目特征描述不符或可能有争议的情况，除标记备注相关数据外，还拍照摄影留下相关影像资料。再者，会同建设单位、施工单位进行现场踏勘核定。

2019年，时任中央和国家机关工委工作副书记吴汉圣一行来协会调研指导工作

过往的造价之路，说不上自己有多满意，但也能做到无愧于心。虽然有过项目推进无力时的怅然若失，但更有获得甲方肯定时的志得意满。人在成长，协会也在发展壮大，前方的路长且崎岖，你我不仅要积极学习探索，勇于迎接行业一次次变革，顺应行业趋势之发展，更要继续修行这颗造价初心，不辜负这美好时代。

（作者单位：浙江同方工程管理咨询有限公司）

我骄傲，我是一名造价人

□ 张　勇

　　一晃岁月20载，作为一个造价人，造价公司的管理者，地方造价行业的参与者，此时此刻感慨万千，辛酸与泪水、奋斗与拼搏、幸福与遗憾充满了这20年。

　　回顾初创之时，我们就是一个几个人的小公司，经过大家齐心协力、众志成城的艰苦卓绝的努力，公司逐渐成长为地方企业中发展到现在拥有多资质、多人才、全方位服务的地方一流企业，经历了生与死、发展与跨越的升华。

　　我本人有幸参与了地、市级的各种各样的活动，代表市级协会参加了安徽省建设工程造价管理协会组织的首届篮球羽毛球比赛，获得了全省造价行业的第一名。组团代表市级出征安徽省首届建设工程造价技能竞赛，并且拿到了团体第二名的好成绩。此中感悟种种，有平时训练的艰辛，有加班组织活动的劳累，有获得奖励的喜悦，凡此种种都化作一句话，我骄傲我是造价人！

　　作为造价咨询企业，我们公司在做好造价咨询本职工作以外，也积极参与各种爱心捐助和社会活动，累计10年捐款3万人民币，捐助16名困难造价大学生生活补助，助力贫困大学生完成大学学业。

　　在2020年新冠肺炎疫情发生期间，我们公司积极参与为滁州市和凤阳县两家备用医院的工程造价提供免费咨询服务。在生产企业还未复工，各地区都在封城的情况下，我们组织所有参建单位齐心协力，相互配合，合理组织分工。现场一边连夜组织场地整理，做好水电安装预埋、浇筑混凝土，一边由重点工程建设中心协调、对接、落实材料生产、采购、运输、人员出入、车辆通行。我单位人员和重点工程建设中心值班人员共同做工作，分别随车陪驾，上下货过程中安排司机休息，陪驾人员组织上下货。每天我们管理人员都和工人一起吃盒饭，大家都分散开蹲在马路边，那场景真是一道美丽的风景线。建设过程中，每天都有省、市、县领导来工地为工地协调解决问题，夜里十二点县领导亲自到工地，安排司机为加班人员拉来面包、饮料、火腿肠等慰问工人。在各级领导关注协调下，在参建各方和全体人员的共同努力下，圆满完成了建设任务。

回忆那几天的战斗过程，感慨万千，用三个字概括，战（战时的工作状态）、抢（抢资源抓进度）、暖（温暖人心鼓舞士气）。

第一件事是在市级备用医院项目建设中，业主代表（市重点处）和参建各方的忘我无畏的工作精神，施工方中建八局作为央企的社会担当和责任。我记得2020年2月1日这一天，在这狭小的施工场地内各个工作班组同时展开作业，瓦工开挖沟槽，砌筑专用的污水净化池；水电工安装卫生洁具、雨污水管道、照明电气、消防、空调、热水器；装饰工铺装室内PVC地板和搭建四周临时围挡，污水处理设备安装，屋面变形缝防水和净化池防水层铺设以及场外主电缆敷设、高低压配电柜安装和自来水管道安装等。一天下来水通了、电通了。这都离不开施工方的科学管理和建设单位统筹协调。2003年"非典"时期我们见证过"小汤山"的建设速度，2020年"新冠"我们在阻击疫情中，又一次见证了"火神山"的建设速度。

第二件事，是发生在2月8日（元宵节）的中午，凤阳县的施工现场发生了感人的一幕：在每个参与建设人员的盒饭中，县重点工程建管局都写了一张祝大家元宵节快乐的小纸条。虽然是寥寥几个字，但是字里行间都倾注了满满的暖意，在料峭的寒冬里给每位参与建设的勇士以温暖。那一刻大家的眼眶都有点湿润了。

（作者单位：安徽诚信建设项目管理有限公司）

2019年，走进北京交通大学开展志愿服务活动

开拓进取、与时俱进

□ 易　波　夏祥雄

2019年，走进北京建筑大学开展志愿服务活动

　　近30年来，我国建筑业快速发展，建设规模明显扩大，呈现多主体发展格局，对外开放度明显提高，从建筑业大国不断走向建筑业强国。同时，随着建筑业的不断发展，造价行业占据越来越重要的地位，工程造价行业改革发展也取得了重大突破。

工程造价咨询业与建筑业同步发展

　　工程造价作为建筑行业的一部分，从计划经济时代定额计价（工料单价法）到2003年发布的《建设工程工程量清单计价规范》GB 50500—2003标志着清单计价（综合单价法）的开始；从计划走向了市场，从控制量、指导价、竞争费的思路向控制量、放开价、引入竞争的机制与思路的改变；再到2020年7月住房和城乡建设部建办标〔2020〕38号关于印发《工程造价改革工作方案》的通知，推行清单计量、市场询价、自主报价、竞争定价的工程计价方式，工程造价市场形成机制将更为完善。

　　编制工程造价从传统的手工算量、手工翻定额套价到手工算量、电脑软件套定额计价，再到使用电脑软件算量、计价，以及使用BIM算量或机器人自动算量、计价，工程造价编制方法在不断创新。随着BIM、大数据、人工智能、区块链等现代化先进技术手段的应用，工作效率将会大幅度提高。

工程造价随着市场需求的变化、建筑业的发展也发生了天翻地覆的变化。

我们与工程造价咨询行业共发展

湖南中技项目管理有限公司伴随工程造价发展至今20年，我们蓬勃发展，企业信用等级连续多年被湖南省建设工程造价管理协会（以下简称"协会"）评为AAA级；同时协会也是造价工程师的乐园，公司多名同志参与了协会组织的活动、研讨会和学习培训。公司造价专业人员规模也从当初的几人发展到几十人，再到现在的一百多人。

在协会的关心和支持下，企业十分注重规范化和科学化的管理，在长期的实践中形成了自己的企业文化，确立了"五讲四每"（讲真话、讲数据、讲事实、讲付出、讲团结，每一个人都用心工作、每一件事都认真负责、每一分钱都发挥效益、每一小时都抓紧生产）的行为准则，"公平、共享、利他"的核心价值观，"关心员工、服务社会、保护家园"的愿景，形成了一套科学、规范、完整的管理体系。个人也从初出校门的学生成为专业的造价人员，所做的业务涉及土建、装修、市政、园林、安装等多个专业的概算、预算、结算、过程管理等工作，并同时做了较多的组织、沟通、协调工作，在理论水平、职业素养和专业能力等方面均得到了较大的提高。

为顺应建设工程造价咨询业的行业发展，协会建立了会员服务系统、信用评价系统、工程造价法律法规数据库、会员管理系统和网络培训系统等；积极组织开展工程造价企业信用评价工作，规范企业行为；成立了工程造价行业专业委员会，为咨询企业排忧解难；组织编制并出台了造价咨询服务收费的指导文件，制定了行业自律公约，为维护市场秩序查处了多次咨询服务收费投诉案件；多次免费举办高质量的专题讲座、面授培训，如组织了"政府与社会资本合作（PPP）""营改增""BIM工程造价"学习培训、《新冠肺炎疫情影响下的工期与费用索赔》的网络培训等，为工程造价人员继续教育学习提供了更多的机会，同时也丰富了学习内容，使我们不断成长。

提到工程造价变革不得不提到的是"营改增"；2016年4月，湖南省住房和城乡建设厅发布湘建价〔2016〕72号文《关于增值税条件下计费程序和计费标准的规定》，为贯彻落实《财政部 国家税务总局关于全面推开营业税改征增值税试点的通知》（财税〔2016〕36号）规定，省内"增值税计价规定"从2016年5月1日起执行，工程造价行业及从业人员又迎来一大新的挑战。由"营改增"引起的税率变化、计价程序的变化，随后多次变换进项税率、销项税率，给这段时期

2019年，组织"美国工程造价探索之行"出访活动

的工程结算带来了较多的争议，我们只有不断地学习新政策，多方探讨、征求意见，才能尽可能合理、公平公正地处理工作中出现的新问题。

2020年7月24日，住房和城乡建设部办公厅发布建办标〔2020〕38号文《关于印发工程造价改革工作方案的通知》中提到以习近平新时代中国特色社会主义思想为指导，深入贯彻落实党中央、国务院关于推进建筑业高质量发展的决策部署，坚持市场在资源配置中起决定性作用，正确处理政府与市场的关系，通过改进工程计量和计价规则、完善工程计价依据发布机制、加强工程造价数据积累、强化建设单位造价管控责任、严格施工合同履约管理等措施，推行清单计量、市场询价、自主报价、竞争定价的工程计价方式，进一步完善工程造价市场形成机制，逐步停止发布预算定额。这次改革对我们造价人员提出了更高的要求，工程造价不再是过去简单地算量、套定额、计价，而是要求我们更加贴近市场需求。只有熟悉施工工艺、掌握市场价格，利用BIM、大数据、区块链等新技术，提高综合分析与全面管控能力，才能尽可能地做好工程造价，为业主做好工程

造价咨询服务。

行业发展改革中面临的挑战和机遇

住房和城乡建设部50号令关于原149号部令的修订，最重要的两个方面，一是降低了甲乙级工程造价咨询企业的准入门槛；二是取消了双60％的准入要求。随着"准入门槛"降低，涌现出了较多的小规模造价咨询企业，使造价咨询业务竞争更加激烈；"双60％"（出资人的造价师人数及出资金额60％的规定）的取消，出资人和资本构成的变化，让资本进入造价领域有了可能性和动力，可以推动企业并购重组，有利于取长补短，优势互补，促进咨询企业做大做强，形成竞争优势；我们造价咨询企业需与时俱进，抢抓机遇，加强合作，在变革中增强企业的抗风险能力，实现共同发展。

随着深入推进"放管服"的改革，我们将在协会的正确引导和大力支持下，在变革中继续做好传统的工程造价服务业务，总结多年的管理经验及技术优势，积极推进全过程工程咨询，做强做大；我们还应加强人才的培养和储备，随着轻资质重个人执业，优质人才会越来越重要，人才在哪里业务就在哪里，人才在哪里效益就在哪里；我们更应加强企业的工程造价数据积累，加快建立按地区、按工程类型、按建筑结构等分类的工程造价数据库，利用BIM、大数据、人工智能、区块链等先进信息化技术为概预算编制、过程控制和工程结算提供依据。

工程造价新的改革已势在必行，工程造价专业人员应有紧迫感，从内心、从态度上要高度重视，应加强业务学习和新技术应用，尽快收集、整理数据，适应行业的发展变革；应改变传统算量套价思维模式，向精通法律、合同，精通施工工艺和市场价格，做既懂工程技术、经济、管理和法律，又懂得博弈和协调等多方面发展并具有良好的职业道德素质的复合型人才。

（作者单位：湖南中技项目管理有限公司）

时光铸就光华　平凡成就不凡

□ 杨红玉

　　2020年是个特别的年份，既是中国建设工程造价管理协会正式成立30周年，也是我参加工作的第30个年头。30年间，中价协伴随着我的一路成长，我们共同见证了4次定额的修订，见证了计价模式的变更，见证了承包模式的多样化发展……30年很长，但对于热爱造价咨询工作的我来说，30年又仿佛弹指一挥间，我还是当初那个怀着一腔赤诚踏入这个行业的造价人。

　　2004年11月，我入职万邦工程管理咨询有限公司，从一名普通的造价工程师做起，完成了兰溪发电厂主厂房、浙江电力调度大楼等重大项目的结算审核工作。由于表现出色，2008年1月，公司任命我为新成立部门土建三部的部门经理。土建三部刚成立时，只有12位新员工，经过十几年的发展，现已成为拥有40位员工、连续五年部门产值名列前茅的最美造价集体。2011年1月，公司再次对我的工作能力作出肯定，擢升我为公司副总经理，分管土建三部和安装一部。

　　从业30年里，我始终贯彻"认真负责、勤于奉献、勇挑重担"的职业精神，完成了大量重点工程的审核工作，特别是杭州西溪湿地国家公园、浙江音乐学院、G20提升改造工程、亚运片区工程等社会地位高、社会影响大的重要工程，以过硬的专业能力和尽责的工作态度，赢得了业主的一致褒扬，也为城市品质的提升贡献了自身的一份力量。

回顾我的职业生涯，我将自己的成长道路归纳为三点。

一、务实求真，好学不倦

2014年，公司承接了浙江音乐学院项目的造价咨询过程管理任务。该项目总建筑面积约35万平方米，总投资20多亿元，主要建筑包括7个教学楼和大剧院、音乐厅、综合艺术楼、学生公寓等十几个单体建筑，具有单体多、面积大、交叉作业多的特点和难点。面对挑战，我作为造价咨询总负责人没有退缩，详细梳理项目背景、设计要求和潜在问题，预估工程总承包投资控制风险。为顺利完成咨询目标，不仅以身作则，积极学习了解各种新工艺、新技术、新材料，还组织部门人员共同学习、共同探讨，现场踏勘和造价分析相结合，把投资控制工作尽量做到事前控制，力求不断拓宽专业技术知识面，以应对更为多样和复杂的工程项目。凭借强劲的求知韧性和求真精神，我和我的团队最终向业主交出一份满意的答卷。

二、刻苦严谨，一丝不苟

杭州奥体博览城建设是杭州市实现"构筑大都市、建设新天堂"宏伟目标的重要组成部分，是杭州打造"生活品质之城"的重大工程。2016年，为满足G20峰会会议的使用需求，博览城进行提升改造，改造区域总面积为174713平方米，其中装修改造区城138150平方米。因举办峰会所需材料具有高端、新颖、环保等特点，技术要求高、材料种类多、工艺独特复杂，所有无价材料、设备均需价格签证咨询，造价跟踪审计工作时间紧张、任务繁重、难度前所未有。公司是该项目施工阶段全过程造价控制及工程结算审核的咨询单位，我作为公司派出的造价总负责人，克服种种困难，走访各个材料市场，放弃休息时间，主动加班，急客户所需，对400多个材料进行市场询价，出具700多个咨询意见，确保工程施工顺利推进，为G20峰会的顺利进行贡献自己的力量，也为公司赢回了先进集体的荣誉。

三、不畏挑战，攻坚克难

2022年第19届亚运会将在杭州举行，公司也承担了亚运村片区基础设施项目、亚运公园等项目的咨询服务，为此，公司专门成立亚运项目部，特派我作为项目总负责人。亚运项目造价高、服务要求高、工作强度大，我扎根工程现场，条件艰苦，面对压力，迎难而上，勇挑重担，充分利用

2019年，中央和国家机关工委第12巡回指导组周惠组长指导"不忘初心、牢记使命"主题教育活动

自身业务技能优势，条理清晰地分析造价组成和市场变化情况，主动与多方协调反馈，出色完成咨询服务工作，为杭州亚运贡献自己的专业智慧，为杭州亚运会的召开保驾护航。

在万邦多年，公司的党建文化和廉洁文化也深刻地影响着我。经过多年的工作实践，我深深地体会到，作为一名造价人，扎实的业务技能是做好造价咨询服务的起跑线，而公正廉洁，则是我们造价人的高压线。因此，我时刻在日常工作中提醒自己谨守职业道德底线，并在部门管理中将廉洁教育作为重中之重。土建三部在我的带领下，每年的廉洁工作成果都位列公司前茅。

在平凡的工作岗位上，用兢兢业业的工作态度和光辉灿烂的工作成果，创造不平凡的人生，这就是我的工作信仰。造价人不仅要拥有高超的专业水平，更要有高度的工作责任心，而我也一直这样要求自己，做一名当之无愧的最美造价人。

新时代开启新征程，新咨询转换新动能，新模式呼吁新作为，浙江始

终积极走在建筑业改革发展的前沿，万邦作为浙江省造价咨询的领头羊，不断开拓进取，与时俱进，而我作为最美造价人，定不忘初心，继续为造价咨询事业添砖加瓦。

（作者单位：万邦工程管理咨询有限公司）

从预算员的职业演变，
看造价行业的发展

□ 石双全

20世纪80年代以前，国营的大中型建筑工程施工企业将基本管理岗位分为"十大员"，预算员（设计单位叫概算员）是其中之一。现在的造价工程师，就是从当时的预算员脱胎而来的。

当时国家实行的是计划经济，执行的是定额计价体系。其建设工程定额，是通过国家、行业，以及省、市、自治区统一颁布的计价指标、概算指标、概算定额、预算定额以及相应的费用定额，对产品价格进行有计划的管理的一种模式。在实行工程量清单计价体系之前，国内用的也都是定额计价体系。

在计算机实用技术尚未普及之前，计量及套用定额子目，都是手工操作，重复烦琐枯燥，且工作效率低下。听前辈们讲，当时的预算部门，人手一把算盘，个个都是打算盘的好手，所有计量工作，都是靠算盘来完成，工作量之大，可想而知。幸亏那时的建筑物多为砖混结构，如果是现在这样的复杂结构，仅就抽钢筋工程量的计算而言，如仍采用算盘计算，简直不可思议。当时预算人员的最大心愿，就是能有个好的计算工具。

计算器的普及，极大地提高了算量、套价的速度，但预算分析表的复写工作，仍困扰着预算人。由于该表包含从工程量—定额标准消耗量—预算消耗量等全部信息，是各职能部门的参考文件，每一个工程项目，因各部门的需要，都要同时复写出七八份的预算分析表。为能把数字清晰地表现出来，只得减少复写的总体厚度，往往是隔两张表格纸垫一张复写纸，而且还需要对圆珠笔施加很大的力度。长此以往，预算员们执笔手指都会磨出坚硬的老茧。

随着国内286、386计算机的出现，各施工单位纷纷建立了"微机房"。这些电脑硬件相对现在来说，非常落后。运算频率低，内存小，用于预算的相关软件也尚处于开发初期，加之施工蓝图均为手绘，不能通过计算机智能识别。况且，企业的微机房是综合服务部门，由专门的技术人员管理，预算人员如需上机，必须先将定额编号和工程量列表，然后在工作人员的指导下逐项输入电脑计算。其结果，仅能起到对人工、材料与机械的预算定额消耗量分析的辅助作用。与其说是计算机的应用，也不过是计算器的升级版而已。

随数字技术的飞速发展和网络、电脑终端的换代升级，建筑业预算软件也从一般数据处理发展为智能运算，如工程造价管理方面的计价、钢筋算量、图形算量等。智能化应用软件的出现，使得工程的预、结算工作变得轻松、简单，极大地减轻了造价人员的劳动强度，工作效率成几何级数提高。

20世纪80年代开始，我国的经济领域发生了根本性转变，社会主义市场经济体制得以逐渐确立。与此并行出现的现象，是业主和承包商之间潜在利益矛盾的显现，工程造价咨询行业应运而生，咨询业务量也大幅增加。这对工程预算人员提出了更高的要求，在工程造价的自然属性之外，凸显了客观公正处理各方利益的社会功能。

1998年，全国统一的造价工程师执业资格考试首次施行。自此，原预算员、概算员等称谓，都随着全国推行的造价工程师执业资格考试而统称为造价工程师、造价员，这是国内造价历史上的一次重大转变。

2000年年初，国家颁布了第一部招标投标法。按当时的规定，国内符合招标条件的工程项目都走入了招标市场，工程技术方案的竞争与工程报价的竞争并举，项目中标与否，与投标报价密切相关。起初一段时间尚无工程量清单，投标人依据招标人提供的施工图纸（招标用图纸），自行计算工程量，再按照招标文件约定的相关省（市）计价体系进行预算报价。而对于常规的建设项目，施工方案大同小异，投标人所比拼的，仅限于工程量计算的准确性和定额子目套用的正确性，以偏离工程标底指标最小的为最高的报价得分。尤其是在给定的回标期限紧张的情况下，工程计量的丢项、漏项在所难免，对报价的影响较大；另一方面，对定额说明和规定的理解，以及对新发行的造价文件了解程度等，都会影响到报价的水平。尤其是跨地区投标报价，如何能在短

2020年，住房和城乡建设部标准定额司司长田国民、副巡视员赵毅明来协会调研指导工作

时间内，了解当地的造价情况，就更显得尤为重要。所以，每一次投标报价，对造价人员来说都是一次严峻的考验。

2001年底，中国加入了世界贸易组织，建筑业施工的国门也向国外施工队伍敞开。为了与世界建筑业招标平台接轨，2003年国家颁布了《建设工程工程量清单计价规范》GB 50500—2003，对建筑工程的投标报价做了明确的规范。所谓工程量清单计价模式，是指建设工程招标投标中，按照国家统一的工程量清单计价规范，招标人或委托具有相应资质的造价咨询公司，编制反映工程实体消耗和措施消耗的工程量清单，并作为招标文件的一部分提供给投标人，由投标人依据工程量清单，根据各种渠道所获得的工程造价信息和数据，结合企业定额自主报价的计价模式。

工程量清单计价，旨在让投标单位根据企业自身情况自主报价，实现由政府定价向市场定价的转变，真正达到市场决定工程造价的目的。对于多数施工企业而言，由于尚未形成企业自己的定额体系，仍在参照国家、行业，及省、市、自治区颁布的预算定额和相应的费用定额进行报价。同

样，具有专业资质的造价咨询公司，在编制控制价时，也是参照与投标单位报价相同的费用体系。如果仔细比对投标文件不难发现，不同企业对同一工程项目的报价中，其消耗的人工、材料、机械施工量等基本一致，只是在非构成工程实体部分的措施项目费用上，以及投标单位根据招标文件的技术要求、结合企业自身的施工能力编制的施工方案上，对定额体系报价的内容进行了一些调整。由于有国家、行业、省（市、自治区）颁布的预算定额和相应费用定额这个依托，施工企业忽略了自身施工定额的建设和管理，也未重视对企业采购行为、人力资源管理、施工工艺等的提升。故从深层次来看，这种投标报价方式显然与施工企业自身的能力情况不相符，投标报价尚未真正达到完全竞争的目的。长此以往，企业缺少创新改进的动力和压力，各施工企业的能力趋于同质化。

随着社会经济和城市化的发展，大型复杂的建设工程项目将不断出现，传统的算量模式和方法已远远跟不上时代发展的脚步。所幸，BIM技术的发展已见雏形，它将让工程造价人员从烦琐的计量工作中得以解放，以更多的精力投入更重要的工作领域，这不仅仅是工作效率的变化，更重要的是工程造价人员的人生价值的提高。作为当今时代的工程造价人员，学习新技术，建立新观念，熟悉本行业的国际惯例，才是跟上行业发展步伐的立足之本。

（作者单位：北京京圆诚得信工程管理有限公司）

造价新人的感悟

□ 商宇沫

2020年，中央和□□□□□□业协会商会住建联合党委"党支部标准化规范化建设试点"现场观摩推进会

去年初夏来到协会工作，至今已一年有余，有幸见证中国建设工程造价管理协会成立30周年，谈谈自己一年多来的感受。

2020年是我来到协会的第二年，却注定是不平凡的一年。新冠肺炎疫情肆虐，原本正常的工作和生活被打乱，全国人民都加入到抗击新冠的战役中。突如其来的疫情，经济下滑，各企业都不可避免地遭受冲击，协会充分发挥行业组织的社会责任，制定会费减免政策，切实减轻企业负担，助力造价领域企业复工复产。随着疫情平稳向好，各行各业都加快复工复产，工程造价行业也已蓄势待发。

工程造价行业的发展离不开繁荣向好的宏观经济环境，协会作为非营利性组织更有赖于国家的大力扶持。作为财务人员，我感受最深的是国家在税收方面给予的优惠力度。近年来国家大力倡导产业转型升级，密集发布各项政策法规，旨在减轻企业税费负担。会费收入是协会的主要经济来源，开展业务活动的基本保障。《企业所得税法》特别明确按照省级以上民政、财政部门规定收取的会费属于符合条件的非营利组织收入，免征企业所得税。这一规定充分考虑了非营利性组织的社会属性，促进更专注事业发展。中国建设工程造价管理协会作为工程造价领域的全国性组织，是推动行业发展的有力推手，也着实享受到国家释放的税收红利。

经过30年的发展，协会已有近3000家单位会员和近13万名个人会员。面对如此众多的会员，也给工作带来了更高的要求和挑战，开具会费收据应该算是面临的最为繁重琐碎的任务。财政票据一直采用纸质票据，需要寄送给票据申请人。会员遍布全国各地，为寄送票据带来不小的困难。而邮寄信息不准确、快递公司的疏忽，产生大量退件、丢件，就需要再次确认信息、查找复制丢失的票据底联，重新邮寄，造成重复性工作，也给会员带来极大不便。面对这种局面，我们也很是无奈，信息不准确和快递问题都是不可控因素，只有下力气做好补救措施。财政部推行财政电子票据管理改革，寄送发票问题得到彻底改观。随着改革工作的推进，协会在去年底实现了票据电子化，会员在缴费后申请开票，上传开票信息时填写接收邮箱，票据开具后可以发送到接收邮箱。另外，电子票据会上传到会员服务系统，即便邮箱未能接收票据，会员同样可以登陆系统账号下载票据。相比纸质票据，开具电子票据在接收环节大大提升了效率。当我们感叹科技力量的强大之余，更是对传统认知的颠覆所震撼。通过电子票据改革，我更加清楚地认识到，在数据化时代的今天，科技手段达到了相当的高度，原有低效的工作方式早已不能满足日益增长的需求。这也促使我们要勇于打破固有的思维模式，充分利用先进技术，大胆创新或将是一片新天空。

三十而立，对我来说是从青涩走向成熟，对协会而言是积淀后的蓬勃向上，一切美好始于去年初夏的相遇，不是在最好的时光遇见你，而是遇见你才有了最好的时光……

（作者单位：中国建设工程造价管理协会秘书处）

造价人之歌

□ 叶葆菁

2020年，"党支部标准化规范化建设试点"现场观摩推进会

爷爷用算盘
为年轻的共和国精打细算
爷爷说，每一片瓦，每一块砖
都是人民的血汗

父亲用手摇机编制预算
摇过了岁月的艰辛与纷繁
汇总昨日的甘苦
在夕阳中走进春天

如今我跨进造价的门槛
大屏幕与我侃侃而谈
与软件同行，有电脑作伴
新一代造价人幸运满满

不辜负老一辈的苦心真传
不辜负造价师这一声呼唤
用真诚书写数字的诗篇
用汗水浇灌我的平凡

新项目是对过往的拓展
新数据敲打我亲爱的键盘
那造价表上的行行列列啊
是编织梦想的经线纬线

九千座造价屋共一张诚信名片
百万大军是一部信得过的清单
竞争中我们是一粒公平的砝码
三十年耕耘交一份虔诚的答卷

三代造价人见证华夏的沧桑巨变
我们用数字和客户亲切交谈
崛起的期盼，成功的礼赞
每一页计算书都是辛勤耕耘的档案

全过程服务把造价之路拓宽
大数据时代我要学会流转
工程、法律，创新、聚贤……
新征程告诉我任重道远

（作者单位：安徽省铜陵华诚工程咨询有限公司）

工程造价三十年抒怀

□ 张文泉

2020年，《工程造价咨询行业自律体系落地深化研究》课题开题会

国内国际双循环，笑迎价协三十年。
往昔峥嵘岁月稠，今朝旧貌换新颜。
莘莘人才遍天下，累累成果香满园。
戒骄戒躁戒自满，再接再厉再向前。
古典传统与现代，造价经历三阶段。
建国之初学苏联，工程定额概预算。
成立标准定额局，定额机构相继建。
改革开放大发展，工程造价换新天。
发散思维放眼量，创新观念更前沿。
中外造价相比较，不同范式学与鉴。
英式造价全寿命，美式造价要全面。
中式造价全过程，探讨各自优缺点。
四算二价防三超，过程不含后半段。
横览各国之范式，虽有进展仍有憾。
国际接轨FIDIC，走出国门全球观。
造价面临新态势，传承创新新观念。
创建全面集成论，全面造价集成管。
做客钱式研讨厅，定性定量模型建。
造价问题为导向，科技人文紧相联。

顶层设计谋战略，凝心聚力砥砺干。

精心研究新方案，创新实践出经验。

集思广益智慧多，头脑风暴思路宽。

寿命周期为依据，LCC 评价应开展。

人才兴企为战略，不拘一格降才贤。

体系工程要关注，量子理论产学研。

工程造价向高端，延伸造价价值链。

互联物联大数据，数学建模云计算。

5G AI 区块链，智能造价惠人间。

三方五家皆造价，造价发展持七观。

造价管理靠四件，硬软实力紧密联。

物理事理与人理，工程伦理驻心田。

遵循天人合一论，秉承熵的宇宙观。

系统科学为指导，系统思维很关键。

工程生存五流中，工程结构皆耗散。

力求建设低熵化，熵增熵减生克难。

工程造价要五化，工业工程可借鉴。

砥砺奋进新时代，工程造价再扬帆。

造价任重而道远，凝心聚力开新篇。

造价咨询综合化，理工人文法经管。

科技创新无止境，莫当井蛙坐观天。

不忘初心记使命，为国为民尽开颜。

工程造价再努力，造价高峰敢登攀。

（作者单位：华北电力大学经济管理学院）

起舞吧，造价人

□ 李庆生　宋林平

　　随着四季起舞纷飞，跳一曲造价
人的芭蕾；

　　天使般的容颜最美，尽情绽放青
春无悔。

　　30年，一个划时代的进步，

　　曾经的坎坷和失落，曾经的迷惘和困惑，

　　转瞬间都成了美好的记忆。

　　30年的风雨兼程，30年的同舟共济；

　　30年的历史与沉淀，30年的坚持与引领。

　　造价人仍能不忘初心，笃定前行。

　　造价人知道，工程造价事业开拓者的重任；

　　造价人理解，工程造价工作实践中的艰辛；

　　造价人相信，工程造价模式改革创新更加精彩。

　　2020年，注定是不平凡的一年，

　　新冠疫情的爆发阻挡不了造价人追梦的步伐，

　　工程造价行业在新征程中再谱新篇。

　　规范市场秩序，培育创新性思维；

　　引领企业转型，开展全过程咨询；

　　参与造价改革，培育复合型人才。

不经历风雨，怎能见彩虹，

30年践行，结下累累硕果。

工程量清单已游刃有余，PPP理念更深入人心；

全过程咨询吹响了工程造价行业转型的号角；

造价人正用非凡智慧和决心，开创一条精彩的造价改革之路。

30年，服务政府，服务行业，

服务会员，服务社会；

30年，不断开拓创新，与时俱进，

持续提升造价服务附加值。

这一切，倾注了每一个造价人的心血。

我们是造价转型升级的一个音符，在转型升级的大潮中跳跃；

我们是造价转型升级的一个乐章，在创新发展的激流中歌唱。

跳动吧！坚强有力的音符！

跳动吧！健康激昂的乐章！

锐意进取，真诚合作，赢得真挚友谊。

我们的故事，在希望的田野上，生根发芽；

我们的故事，在金色的秋天中，收获满满。

我们不负光阴，负荆前行，

辉映日月30载，煌煌伟业动云天，

明日荣光相与共，天高云淡尽欢颜。

我们笃信充满希望的艰辛不再是一种苦涩，

造价人体味更多的将是富有挑战的甜美，

让造价人的芭蕾，舞动生命的色彩，

起舞吧，造价人！

（作者单位：山西中量工程咨询管理有限公司）

忆光辉历程　砥砺前行

□ 褚庆骞

那是一个诱惑而又懵懂的名词，
是一个接受权利和义务的重托，
是一个受托后负重前行的崇尚职业，
是奋力完成的光荣使命，
是估量造价投资的敲门砖，
是制止高估冒算的金钥匙，
是必需的难以逾越的前置条件，
是奋不顾身勇于实现的开始，
是千里之行始于足下的起跑线，
那就是接受工程造价任务时的委托，
是业主为实现既定目标的开始，
委托进行工程造价咨询，
启航着工程造价咨询的新征程。

2020年，《工程造价指标编制指南》课题开题会议

工程造价锐意发展，
预决算似乎被工程造价咨询的概念所代替，
一时间工程造价咨询被推向前沿，
工程跟踪审计和结算审计成了热点词汇，
工程建设如雨后春笋，

对工程造价咨询的需求，
从此开始急速攀升，
造价咨询机构纷纷成立。

工程造价咨询的初期，
大家对此是陌生的，
即使是跟踪审计和结算审计，
也是概念模糊，
全过程工程造价咨询，
更是似懂非懂，
不像发展到今天如此的清晰明白，
也不像今天在工程建设时，
务必要进行工程造价审计，
成了不可逾越的一道门槛，
最早时，
有的业主甚至是抵触的，
万事开头难，
新的工程造价咨询事业的发展，
催人奋进时不我待。

在活跃建筑市场繁荣经济的同时，
急待要求着相适应的工程计价模式的变革，
为了适应这一变革的需要，
应运而生的建设工程工程量清单计价规范，
和建筑工程消耗量定额的推行，
是建筑行业发展的必然要求。
逐渐实行工程量清单计价，
由于工程量清单计价的实施，

量、价、利实行全面改革，
工程咨询行业在计价上，
也进行着前所未有的计价变革，
学习新的计价规范和消耗定额，
更新工程造价软件，
从此进入了全新的造价咨询工作。

随着工程造价改革的不断深入，
不断采用新工艺新技术新材料的步伐，
新的计价规范和消耗量定额，
不定时期地也在不断地修订和升级，
国家随时颁发新规范和新定额，
每项工程施工合同的签订，
必定明确计价模式。

2020 年，捐赠云南福贡县异地搬迁安置点学前教育资源配置建设

从清单计价规范和定额不断地变化中，
可以不难看出，
造价咨询行业，
相伴着规范和定额的变化，
而一路走来，
在工程造价的控制上，
随着经济形势的发展，
以及工程建设对造价的需要，
如同海绵吸水，
强大发展起来。
造价咨询行业规范，
也随着经济发展的需要逐步完善，
极大地推动着造价咨询行业的发展。

而如今，
整个造价咨询行业，
利用现代化的办公手段，
从事着全过程工程咨询工作，
进行着工程预结算的编制与审核，
为满足招标投标人的需要，
准确编制招标投标价格，
为了完成工程造价的跟踪审计和结算审计，
不遗余力的履职尽责，
为政府投资和财政投资评审，
提供真实的评审意见，
为法院解决工程造价纠纷，
提供鉴定意见，
成了名副其实的中介造价咨询服务机构。

在那激情燃烧的岁月里，
造价咨询行业，
不忘初心、牢记使命与担当，
历经发展，
栉风沐雨，
造价咨询，
已融入建筑业的方方面面，
紧随建筑业走向国际市场，
而开拓咨询到国际造价咨询市场，
发展空间进一步扩大，
造价咨询行业的发展之势，
方兴未艾，
有力地促进了建筑行业繁荣与发展。

继往开来，
岁月峥嵘，
为了造价咨询行业的发展，
以极大的勇气，
争取百尺竿头再立新功，
充分发挥自身的职能作用，
引导企业资源合理配置、
优化企业治理结构、
推动新旧动能转换、
促进企业转型升级等方面，
发挥着积极作用。
以自身顽强拼搏的精神，
为经济社会的高质量发展，
为脱贫攻坚，
为环境污染防治，
为全面建成小康社会，
为助推经济的腾飞与发展，
贡献着青春和力量。

2020年，会员工作经验交流会

在发扬优良传统的基础上，
进一步打牢夯实造价咨询行业发展的根基，
奋勇发展，
力争全行业更上一层楼。
为了客户的需求与期盼，
为了造价咨询行业发展的期望和要求，
造价咨询行业走过的三十年的历程，
也只是万里长征走过了第一步，
放眼未来，

造价咨询行业，

依然要投身于行业建设发展之中，

坚持客观公正实事求是的原则，

笃定前行中……

（作者单位：山东忠信会计师事务所有限公司）

凌云志　再登峰

□ 陈涟昊

恒有凌云志，

协会再登峰。

万日风雨同舟，

众志著新篇。

祖国大江南北，

足迹遍山川。

政策佳，

技术坚，

稳发展。

三十载岁月璀璨，

弹指一挥间。

上为家国解忧，

下助黎民排难，

伟业忠奉献。

丰碑铸华年。

2020年，工程造价信息化研讨会

（作者单位：天津广正建设项目咨询股份有限公司）

壮哉，造价人的回答

□ 王　益

30 年铿锵前行，造价人自强不息看革命薪火代代相传，
30 载硕果累累，审计人翻天覆地听时代号角生生不息。
啊！山城是一片洒遍先烈鲜血的开放热土，
啊！巴渝是一方溢满革命生机的秀美山川。
作为国家利益"守护者"和经济发展"安全员"，
在这儿到处都有造价人忠于职守和爱岗敬业的伟岸身影，
或是你，或为我，或有他……
每一个人都在用微薄力量将涓涓细流汇成江河，
承载"中国梦"这艘巨轮扬帆启航。

刚踏出象牙塔时有人问我为什么选择做一名造价人？
在找寻答案的瞬间我曾向往也曾迷茫。
在无数夜色阑珊建模算量的煎熬日子，
在无数华灯初上对量定案的胜利时刻，
我都在努力之后欣慰，在欣慰之后哽咽，于哽咽之后便清晰。
在我和团队参与重庆市建设工程造价综合技能大赛活动之时，
造价人誊录细节和克难攻坚让我欢欣鼓舞。
在我和同事倾听"我和我的祖国"朗诵会先进事迹那刻，
审计人彰显责任和书写无悔让我百感交集。

我骄傲！在"爱心传递、情满校园"的捐资助学中，
造价人奉献爱心，大爱无疆在渝中大地遍种善根。
我自豪！在"同舟共济、守望相助"的抗疫捐款时，
造价人众志成城，共克时艰在江城雾都泪沾青襟。

有人说我们是经济转型和管理升级的智库，

追本溯源于深处明理，这正是造价人有砥砺前行的求真务实。

有人说我们是见识卓越和富有远见的专家，

穷源竟委，举一反三，这正是审计人有不忘初心之专业精道。

他们在用螺丝扎钉精神闪闪发光创造价值，在岁月中闪耀质朴光芒，

2020年，中国新型基础设施建设投融资研讨会

他们在用求真务实作风默默无闻报效祖国，在年轮里谱写华美乐章。
啊！夯实青春梦，有专注才功崇惟志，
啊！挥洒无悔汗，有笃志才业广惟勤。
我们时刻要秉承诚实守信和廉于律己职业操守，
做一名三杯吐然诺和五岳倒为轻的优秀从业者，
要常怀强国之梦，紧随党的脚步弄潮历史，
要担起万钧重任，相连使命愿景奋力前行，
要保持严于律己，不为虚名浮利克己制欲，
要敬畏立身之本，固守海晏河清两袖清风，
挺起脊梁，扛起劈波斩浪和稳健前行的使命荣光。

时常我站岸边听那长江萧萧笛鸣，
造价人心怀感恩和梦想凝聚在心永志不忘。

每每我立潮头看那巴山阵阵风吼，

审计人无限峥嵘和辉煌流淌于血矢志不渝。

啊！我有一个梦，梦想严审兴渝，

这就意味着少一点慵懒，多一分追求，

让我们的生命之歌因梦想而激越。

啊！我有一个梦，梦想强审兴国，

这就意味着少一点索取，多一分赤诚，

让我们的理想之树因梦想而常青。

创新源于理想，理想坚定信念，信念牢树意志，意志产生力量，

就让廉洁之雷在我们头顶轰鸣吧！

就让奉献之火在我们心田燃烧吧！

就让理想之电在我们脑海闪耀吧！

这就是一名甘于平凡而又时常快乐的造价人，

向绵绵巴渝，向荡荡乌江，向巍巍武陵山，向浩浩嘉陵江，

发出响彻神州大地的庄严回答！

（作者单位：重庆金算工程造价咨询有限公司）

风华而立

□ 姚春好

第七届理事会

中国建设工程造价管理协会，你好。

30岁，你好。

2020年，我们30岁。

2016年，

我在最美的年纪遇见你，

带着学校的稚嫩一眼万年；

你细致严谨、庄严伟岸。

4年来，

我们是同事，

我用笔为你写下造价事业一章一篇；

4年来，

我们是朋友，

我懂你刀刃向内改革的良苦用心；

我们亦是亲人，

为对方筹划着风调雨顺。

4年来，

你伏案研写、定计献策，

定额、计量、市场价，呕心沥血更迭一代又一代；

4年来，

你深入实地交流调研，

或称赞或遗憾或感叹。

4年来，

你不惧风雨站在风口浪尖，

你勇抗大旗一心发展，

世俗，或褒或贬。

回看30年，

你乘风而立我呱呱坠地，

你建立造价师体系我牙牙学语，

你开放市场，量价分离，我们逐渐而立。

30年你风华如初，看我顶天立地，

而后30年望我银丝白发，见证你一往如初。

30年，算盘、手摇机、计算机日新月异；

未来，望你百舸争流，领航发展。

（作者单位：中国建设工程造价管理协会秘书处）

后记：壮志凌云绘新篇

在中国建设工程造价管理协会成立30周年之际，协会组织开展了系列宣传和纪念活动，向各省、自治区、直辖市造价协会和专业委员会发出纪念通知，以此倾听行业心声，共同纪念行业及协会30年改革发展盛况。同时，征集协会成立30周年有关纪念素材，"我和工程造价"主题征文也是此次系列纪念活动之一。

随着30周年纪念活动氛围越来越浓，征集素材与征文活动都得到了全行业的大力支持，从7月底通知发出到9月底活动截止，在投稿邮箱中共收到300多封邮件，这其中有展示企业、地方协会发展的照片、视频或资料，有摄影和书画作品，有"我和工程造价"主题征文等。期间咨询电话络绎不绝，甚至活动结束后还有不少作者投稿，参与者和组织者的热情，以及文稿作者字里行间流露出来对行业的真情实意，令编者感动不已，为及时分享征文内容，并为30周年纪念活动做预热宣传，《工程造价管理》期刊从今年第4期开设30周年专栏，择优刊登了部分征稿，受到社会好评。为全面反映行业心声，应各地参与者和组织者的要求，协会决定出版一部文集，为30周年纪念活动献礼。

文集确定出版已是10月下旬，时间紧张，编者迅速筹划征文评审及文集出版事宜，成立征文评审小组邀请专家审稿，召开现场评审会遴选优秀稿件，每位专家都是加班加点、严谨认真，对每一篇稿件都提出了审稿意见，有的专家甚至出差途中飞机上都在审稿。由于文集的体裁是以感悟类文章为主，征文活动中部分技术性、专业性强的文章未能入选，这类文章经评审后将在《工程造价管理》期刊陆续发表，敬请留意。

限于本书的主题与篇幅，入选的文章均不同程度地进行了文字的编辑处理，删节了与主题偏离较远的文字内容，希望这些文章的作者予以谅解。

文章审定和修改工作结束，已经临近11月，编者迅速与出版社联系编辑出版事宜。为适当反映行业及协会历史风貌，并增加书作的可读性、趣味性，出版社建议编者在书中添加行业及协会活动的历史图片，以增加纪念性与设计感，图片本身与文章内容没有关联。编者采纳了这个建议，从第一届理事会开始搜集照片，有些是协会保存的、有些是同征文活动一起发来的素材，如果这些老照片能带给读者或亲历者一些的往日的回想，那将是所有编者数月不辞辛劳的欣慰所在。在本书的装帧上，经编者多次探讨，封面影像特意选择竣工不久的港珠澳大桥，桥梁寓意协会是政府与企业间的纽带，未来将更好地服务国家、服务社会、服务群众、服务行业。

2020年是极不平凡的一年，中国经济从世所罕见的新冠肺炎疫情中走出低谷，正在全面复苏增长，中国是全球唯一实现正增长的主要经济体，全社会正致力于探寻高质量发展之路，中国企业正积极寻求转型升级的最佳路径。造价咨询行业俨然如此，在加快构建"双循环"新发展格局中满怀壮志，共结同心，为更远的未来绘制新的篇章。

本书凝聚了每一位组织者、参与者的心血和汗水，是所有作者及出版社的编校同仁共同努力的成果，在此一并致谢！

编委会

2020 年 12 月 12 日